wt Weiterbildung Technik

Herausgegeben von
H.-J. Warnecke, K. Lange, G. Stute
Band 2

H. Victor · M. Müller · R. Opferkuch

Zerspantechnik

Teil I

Grundlagen

Schneidstoffe

Kühlschmierstoffe

Mit 52 Abbildungen

Springer-Verlag
Berlin Heidelberg New York 1982

Bandautoren

o. Professor Dr.-Ing. Hans Victor†
Dr.-Ing. Michael Müller
Dr.-Ing. Rainer Opferkuch
Institut für Werkzeugmaschinen und Betriebstechnik der Universität Karlsruhe

Reihenherausgeber

Dr.-Ing. Hans-Jürgen Warnecke
o. Professor, Institut für Industrielle Fertigung und Fabrikbetrieb der Universität Stuttgart

Dr.-Ing. Kurt Lange
o. Professor, Institut für Umformtechnik der Universität Stuttgart

Dr.-Ing. Gottfried Stute
o. Professor, Institut für Steuerungstechnik der Universität Stuttgart

Redaktionelle Bearbeitung

Dr.-Ing. Martin Görke
Schriftleiter der „wt Werkstattstechnik – Zeitschrift für industrielle Fertigung", Stuttgart

CIP-Kurztitelaufnahme der Deutschen Bibliothek

Victor, Hans:
Zerspantechnik/H. Victor; M. Müller; R. Opferkuch. – Berlin; Heidelberg; New York: Springer.
NE: Müller, Michael; Opferkuch, Rainer: Teil 1. Grundlagen, Schneidstoffe, Kühlschmierstoffe. – 1982.
(Weiterbildung Technik; Bd. 2)

ISBN-13: 978-3-540-10797-2 e-ISBN-13: 978-3-642-81649-9
DOI: 10.1007/978-3-642-81649-9

NE: GT

Geleitwort

Unsere heutige Zeit ist gekennzeichnet durch eine besonders rasante Ausweitung allen Wissens. Dementsprechend muß insbesondere jeder in der Technik Tätige seine in der Ausbildung erworbenen Kenntnisse und seine beruflichen Erfahrungen ständig am gültigen „Stand der Technik" überprüfen und weiterentwickeln. Er muß dem eigenen Wissen gegenüber kritikfähig sein und durch lebenslanges Lernen stets die neuesten Erkenntnisse und Ergebnisse des technischen Fortschrittes übernehmen und beherrschen.

In vielen Fällen geraten im Laufe des Berufslebens die früher angeeigneten Grundlagenkenntnisse in Vergessenheit, oder sie müssen aufgrund der fortschreitenden naturwissenschaftlich-technischen Entwicklung eine neue Wertung erhalten. Eine ständige Weiterbildung ist also geboten, wenn man beruflich Erfolg haben will. Diese zu erleichtern, bemüht sich seit einiger Zeit die

wt Werkstattstechnik
Zeitschrift für industrielle Fertigung

mit der Aufsatz-Reihe unter dem Titel

wt Weiterbildung Technik.

In ihr wird nicht nur in gedrängter Form Grundlagenwissen vermittelt und durch beigefügte Aufgaben aufgefrischt, sondern es werden auch neuere Entwicklungen behandelt, die für den großen, fachlich weitgespannten Leserkreis einer der führenden fertigungstechnischen Fachzeitschriften von besonderer Bedeutung sind. Sie gestattet also sowohl eine Vertiefung an sich früher erworbener als auch eine Aneignung aktueller Kenntnisse, wodurch die Lösung vieler beruflicher Probleme durchsichtiger wird.

Die jeweils ein Thema umfassenden Beiträge dieser Aufsatz-Reihe werden nun in Buchform präsentiert. Sie bilden die Bände der neuen Buch-Reihe

wt Weiterbildung Technik,

die in zwangloser Folge erscheinen werden. Wo notwendig, sind Texte und Bilder gegenüber der Erstveröffentlichung in der Zeitschrift überarbeitet und ausgeweitet worden, so daß jedes Thema in sich wirklich abgeschlossen ist.

Herausgeber und Verlag erfüllen mit dieser Buch-Reihe einen oft geäußerten Wunsch der Leser unserer „wt". Sie hoffen sehr, daß jeder einzelne Band seiner Aufgabe gerecht wird: den Leser zu unterstützen, sich beruflich weiterzubilden und dadurch seine fachliche Qualifikation zu erhöhen.

Stuttgart, im Herbst 1981 Die Herausgeber

Vorwort

Für die gezielte und bestmögliche Anwendung neuzeitlicher Fertigungstechniken bedarf es der umfassenden Kenntnis der Grundlagen. Das gilt insbesondere für die spanenden Verfahren, denen auch in Zukunft eine große Bedeutung in der Fertigungstechnik zukommt. Parallel zur Entwicklung neuer Zerspanverfahren werden die bereits bekannten und bewährten ständig weiter ausgebaut und verbessert. Für den Ingenieur bedeutet dies, daß er sein Wissen fortlaufend dem neuesten Stand der Technik anpassen muß.

Losgelöst von der Betrachtung einzelner Verfahren soll dieses Buch in knapper und überschaubarer Form die allgemeinen Grundlagen der Zerspantechnik vermitteln, die für alle Zerspanverfahren gültig sind. Die einzelnen Verfahren selbst werden in einem später erscheinenden Band vertieft dargestellt.

Das vorliegende Buch entstand durch Überarbeitung und Zusammenfassen der Aufsatzfolge „Grundlagen der Zerspanung", die in den Jahren 1979 und 1980 im Rahmen der Reihe „wt Weiterbildung Technik" in der „wt Werkstattstechnik, Zeitschrift für industrielle Fertigung" erschienen ist. Wie die Aufsatzfolge wendet es sich also ebenso an den Praktiker im Betrieb wie an Studenten von Fachhochschulen und Technischen Universitäten, denen es ein kleines, aber wissenschaftlich fundiertes Lehrbuch sein kann.

Wir veröffentlichen dieses Buch im Sinne unseres verehrten Lehrers, Herrn o. Prof. Dr.-Ing. H.R. Victor, unter dessen Leitung die genannte Aufsatzfolge niedergeschrieben wurde. Er ist – für uns alle noch immer unfaßbar – während der Vorbereitung dieser Publikation verstorben.

Karlsruhe, im Herbst 1981 M. Müller · R. Opferkuch

Inhaltsverzeichnis

1 Einführung

1.1 Einteilung der Fertigungsverfahren

Innerhalb der industriellen Produktionstechnik hat die Fertigungstechnik als Teilgebiet die Aufgabe, Werkstücke von genau definierter geometrischer Gestalt zu erzeugen. Es sind Teile, verschieden in Genauigkeitsgrad, Werkstoff und Eigenschaften, in unterschiedlichen Stückzahlen wirtschaftlich herzustellen. An diesen Forderungen orientiert sich auch die Auswahl der anzuwendenden Fertigungsverfahren.

Eine Einteilung der bestehenden Fertigungsverfahren kann nach DIN 8580 [1] vorgenommen werden (*Bild 1*). Unter dem Oberbegriff Trennen werden hier unter anderem die spanenden Bearbei-

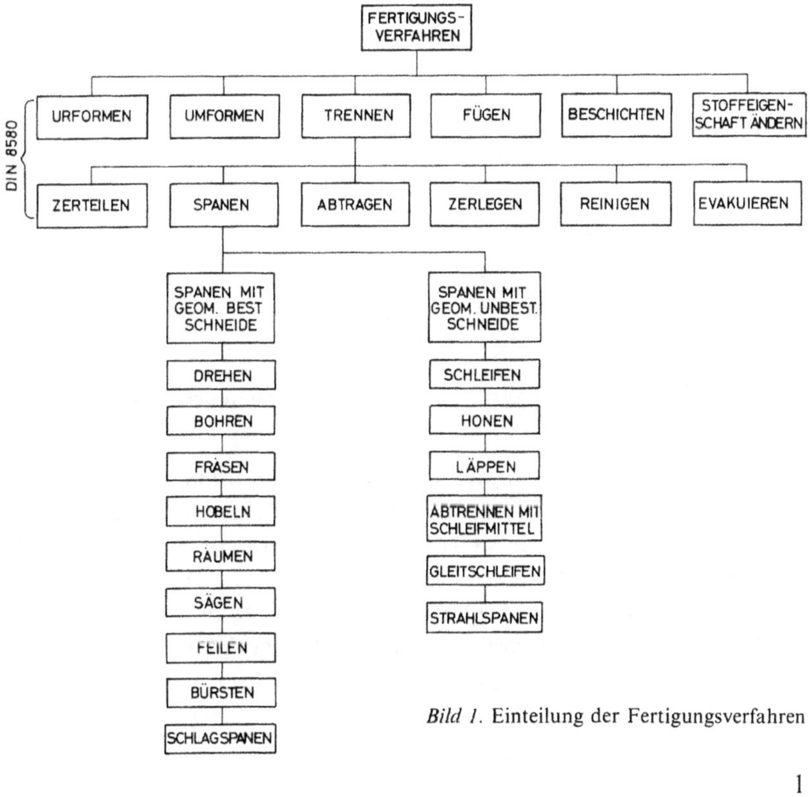

Bild 1. Einteilung der Fertigungsverfahren

tungsverfahren gegenüber den anderen Fertigungsverfahren abgegrenzt. Die Gliederung in spanende Verfahren mit geometrisch bestimmter und geometrisch unbestimmter Schneidenform stellt gleichzeitig eine Unterteilung für verschiedene Zielsetzungen dar. Verfahren mit geometrisch bestimmter Schneide wie Drehen oder Fräsen eignen sich besonders für hohe Zerspanleistungen, während durch Verfahren mit geometrisch unbestimmter Schneide wie Schleifen, Honen oder Läppen insbesondere hohe Oberflächengüten zu erreichen sind. Die Grenze zwischen den spanenden und den abtragenden Verfahren ist fließend. So gibt es eine Reihe von Verfahren, die gleichzeitig spanend und abtragend arbeiten, z.B. das elektrochemische Schleifen oder Honen.

1.2 Bedeutung der spanenden Fertigungsverfahren

Die wirtschaftliche Formgebung verlangt eine möglichst geringe Anzahl von Zwischenformen zwischen Vor- und Fertigform. In nahezu idealer Weise werden dieser Forderung z.B. die umformenden Verfahren gerecht. Häufig ist eine vorgegebene Werkstückform in der Werkzeugform als Negativform enthalten (*Bild 2*). Die Vor-

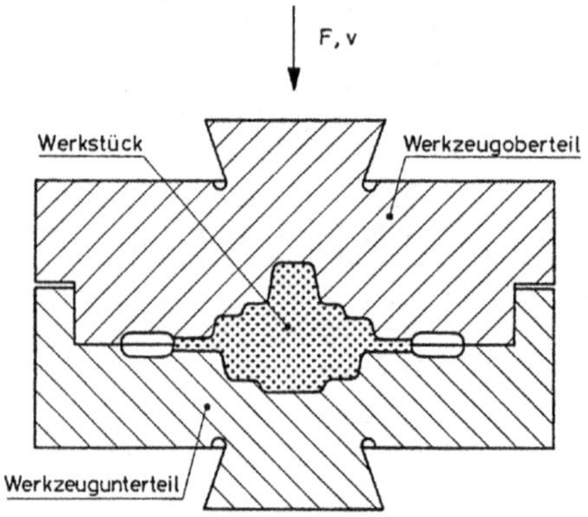

Bild 2. Werkstückform im Werkzeug beim Umformen. F Umformkraft, v Umformgeschwindigkeit

teile dieser Verfahren sind die einfachen Relativbewegungen zwischen dem Wirkpaar Werkzeug und Werkstück, eine hohe Mengenleistung sowie eine nahezu vollständige Nutzung des eingesetzten Werkstoffs. Nachteilig sind besonders die teuren Werkzeuge sowie eine fehlende Nachstellmöglichkeit bei eingetretenem Werkzeugverschleiß, wodurch sich Maß-, Form- und Lageunterschiede bei den Werkstücken ergeben können. Umformverfahren werden daher im wesentlichen zur Herstellung von Vorformen verwendet [2].

Im Gegensatz dazu sind die trennenden und insbesondere die spanenden Werkzeuge zumeist werkstückunabhängig mit geringer Formenspeicherung. Es wird also eine komplizierte Werkzeugbewegung bei teilweise überlagerter Werkstückbewegung benötigt, um verschiedenartige Werkstückformen zu fertigen. Die Werkzeuge sind im allgemeinen jedoch nachstellbar, und es können geringe Form-, Lage- und Maßtoleranzen sowie hohe Oberflächenqualitäten erzielt werden. Deshalb sind besonders in der Einzel- und Kleinserienfertigung die spanenden Fertigungsverfahren oft die einzige wirtschaftlich mögliche Fertigungsart.

Obwohl bei den umformenden Fertigungsverfahren in den vergangenen Jahren eine steile Weiterentwicklung zu verzeichnen war, sind die spanenden Fertigungsverfahren nach wie vor vorherrschend. Als Vergleichsmaßstab kann der Wert der in der Bundesrepublik Deutschland hergestellten umformenden und spanenden Werkzeugmaschinen herangezogen werden (*Bild 3*).

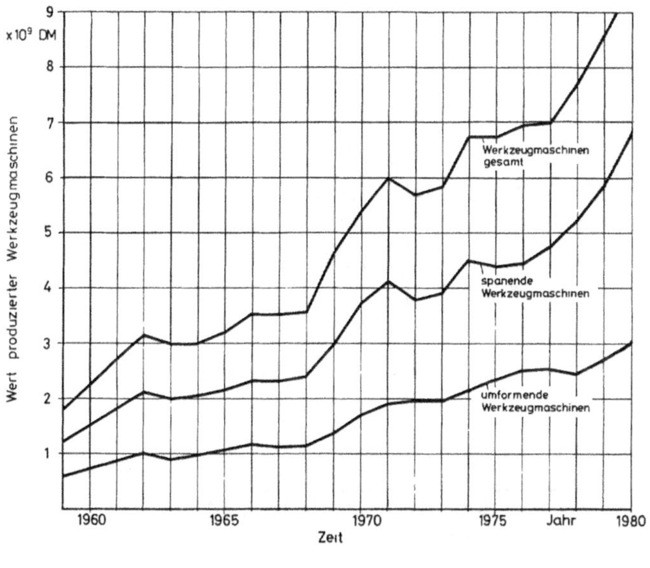

Bild 3. Wert der produzierten spanenden und umformenden Werkzeugmaschinen in der Bundesrepublik Deutschland [3]

Für die Bearbeitung von Werkstoffen, die spanend nicht oder nur sehr schwer bearbeitet werden können, wurden neue Fertigungsverfahren entwickelt, von denen die abtragenden Verfahren eine große Bedeutung erlangt haben.

1.3 Entwicklungstendenzen

Neben der verstärkten Anwendung umformender Verfahren bei großen Losgrößen wird die Flexibilität spanender Verfahren weiter ausgebaut. Ermöglicht werden diese Entwicklungen durch die Fortschritte auf dem Gebiet der rechnerunterstützten Fertigungsplanung sowie die Verwendung von Rechnern in Prozeß- und Maschinensteuerungen. Hierdurch wird ein erhöhter Automatisierungsgrad auch bei kleinen und kleinsten Stückzahlen erreicht, hinzu kommt eine Verringerung der Nebenzeiten.

Dagegen kann die Hauptzeit wesentlich durch die Erhöhung der Schnittgeschwindigkeit beeinflußt werden, was eine ständige Entwicklung verbesserter oder neuer Schneidstoffe ergibt (*Bild 4*).

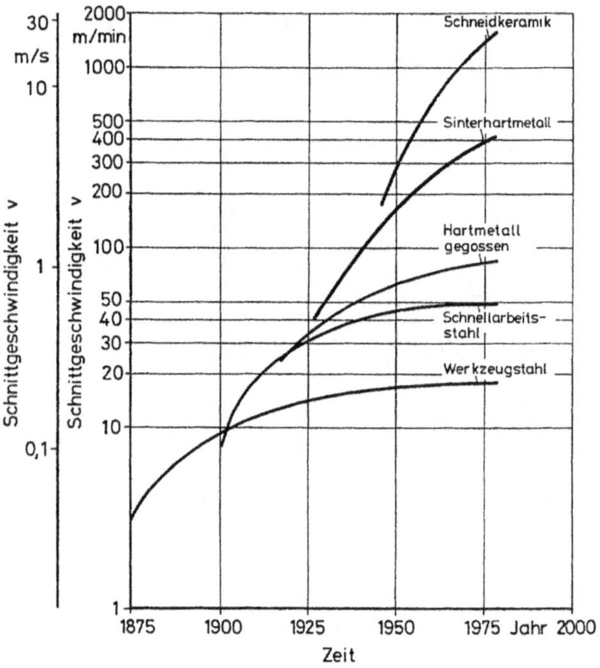

Bild 4. Entwicklung der Schnittgeschwindigkeit beim Drehen

Die Verbesserung einzelner Fertigungsverfahren kann zum Ersatz (Substitution) anderer Fertigungsverfahren führen, so daß beispielsweise eine hohe Zerspanleistung und kleine Fertigungstoleranzen bei hoher Oberflächengüte durch ein einziges Fertigungsverfahren auf einer Maschine erzielt werden. Darüber hinaus können

Neben-, Rüst- und Transportzeiten eingespart werden. Beim Hochgeschwindigkeitsschleifen sind beispielsweise Zerspanleistungen möglich, wie sie bisher nur durch Drehen oder Fräsen erreichbar waren. Umgekehrt sind durch Breitschlichtdrehen oder -fräsen Oberflächen herstellbar, die sonst nur durch die Anwendung von Feinbearbeitungsverfahren wie Schleifen möglich waren.

Die Entwicklung neuerer Werkstück-Werkstoffe, die Forderung nach größeren Genauigkeitsgraden sowie der ständige Zwang zur wirtschaftlichen Fertigung sind Bedingungen, denen – wie alle Fertigungsverfahren – auch die spanenden laufend angepaßt werden müssen.

2 Grundlagen

2.1 Begriffe und Bezeichnungen

Der Deutsche Normenausschuß ist bemüht, mit den Normen DIN 6580 und DIN 6581 Richtlinien für die Begriffe der Zerspantechnik aufzustellen, die für sämtliche spanenden Fertigungsverfahren anwendbar sind. Da die in DIN 6580 enthaltenen grundlegenden Begriffe sachlich auch mit denen der internationalen Norm ISO 3002/I übereinstimmen sollen, ist es unumgänglich, daß ab Vorlage der neuesten Fassung dieses Normenblatts einige Begriffe der Zerspantechnik geänderte Kurzzeichen erhalten. Die im Rahmen dieses Buchs benutzten Begriffe und deren Kurzzeichen entsprechen der neuesten Fassung der erwähnten Normblätter.

Im folgenden werden die zu besprechenden Begriffe größtenteils am Beispiel des Drehwerkzeugs erläutert, da hier die Verhältnisse sehr leicht überschaubar sind. Sie gelten jedoch genauso für alle anderen Zerspanverfahren mit geometrisch bestimmter Schneidenform. Die Übertragbarkeit der Begriffe auf die Gegebenheiten beim Spanen mit geometrisch unbestimmter Schneidenform ist größtenteils ebenfalls möglich, ja im Sinne einer einheitlichen Nomenklatur sogar wünschenswert.

2.1.1 Geometrie am Schneidkeil

Der Schneidkeil eines spanenden Werkzeugs wird aus Spanfläche, Hauptfreifläche und Nebenfreifläche gebildet (*Bild 5*). Die Berührungslinie von Spanfläche und Hauptfreifläche ist die Hauptschneide, die von Spanfläche und Nebenfreifläche die Nebenschneide. Durch die Stellung dieser Flächen zueinander werden die Werkzeugwinkel bestimmt.

Zur Bestimmung der Winkel am Schneidkeil wird ein Bezugssystem eingeführt. Hierbei muß zwischen dem Werkzeug- und dem Wirkbezugssystem unterschieden werden (*Bild 6*). Die im Werkzeugbezugssystem gemessenen Werkzeugwinkel kennzeichnen lediglich die geometrische Gestalt des Schneidkeils, während die im

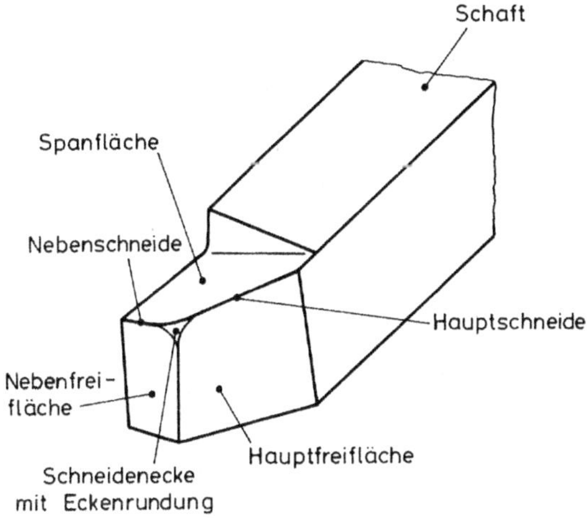

Bild 5. Flächen und Schneiden am Drehwerkzeug

Wirkbezugssystem gemessenen Winkel die jeweilige Lage von Werkzeug zu Werkstück und den Bewegungsablauf zwischen Werkzeug und Werkstück berücksichtigen (*Bild 7*). Nach DIN 6581 werden die im Wirkbezugssystem geltenden Begriffe durch Voransetzen des Wortes „Wirk-" gekennzeichnet, außerdem erhalten die Kurzzeichen dieser Begriffe immer den Index e (e von effektiv). Auf eine genaue Definition der im *Bild 6* dargestellten Ebenen der beiden Bezugssysteme kann hier verzichtet werden, da diese im angegebenen Schrifttum behandelt wird [4].

Bei der Bezeichnung der Winkel am Schneidkeil ist zwischen den Winkeln an der Hauptschneide und jenen an der Nebenschneide (Index n) zu unterscheiden. Die Winkel am Schneidkeil werden nach DIN 6581 gemessen (*Bild 6*), und zwar in der

- Bezugsebene: Einstellwinkel κ, Eckenwinkel ε;
- Schneid-Ebene: Neigungswinkel λ;
- Keilmeßebene: Spanwinkel γ, Keilwinkel β, Freiwinkel α.

Nach DIN 6581 kann die Lage der Span- und Freifläche auch in einer anderen Ebene als der Keilmeßebene gemessen werden. Von besonderer Bedeutung sind hierbei die Winkel in der Arbeitsebene (Seitenwinkel) und senkrecht zu ihr (Rückwinkel), wobei die Arbeitsebene durch Schnittgeschwindigkeits-Vektor und Vorschubgeschwindigkeits-Vektor aufgespannt wird (*Bild 8*).

Die Winkel, die in der Keilmeßebene oder in der Arbeitsebene bzw. in einer Ebene senkrecht zur Arbeitsebene gemessen werden, sind durch trigonometrische Funktionen miteinander verknüpft.

Somit können die in dem einen Bezugssystem gemessenen Winkel in die des anderen Bezugssystems umgerechnet werden [4].

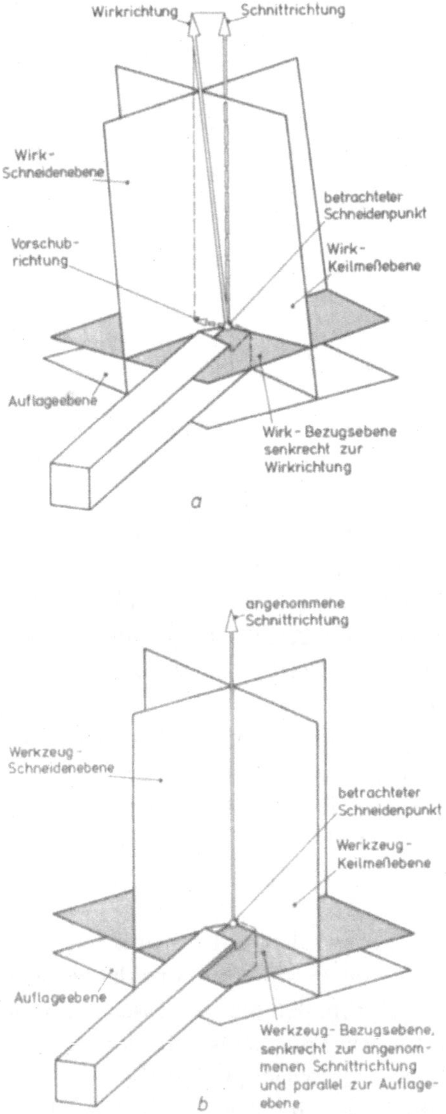

Bild 6. Wirk- (*a*) und Werkzeugbezugssystem (*b*) am Beispiel des Drehwerkzeugs

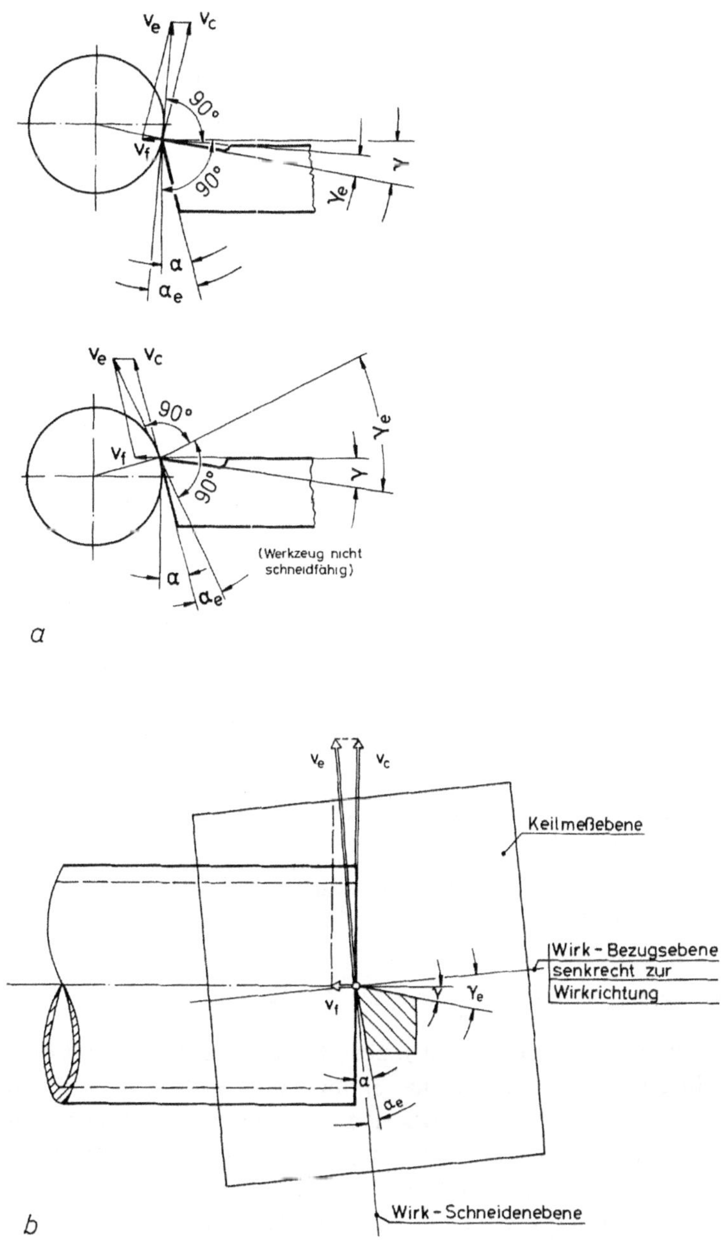

Bild 7. Zusammenhang zwischen Wirk- und Werkzeugwinkeln in Abhängigkeit von der Werkzeuganstellung (*a*) sowie der Schnitt- und Vorschubgeschwindigkeit (*b*). α Freiwinkel, α_e Wirk-Freiwinkel; γ Spanwinkel, γ_e Wirk-Spanwinkel; v_c Schnittgeschwindigkeit, v_e Wirkgeschwindigkeit, v_f Vorschubgeschwindigkeit

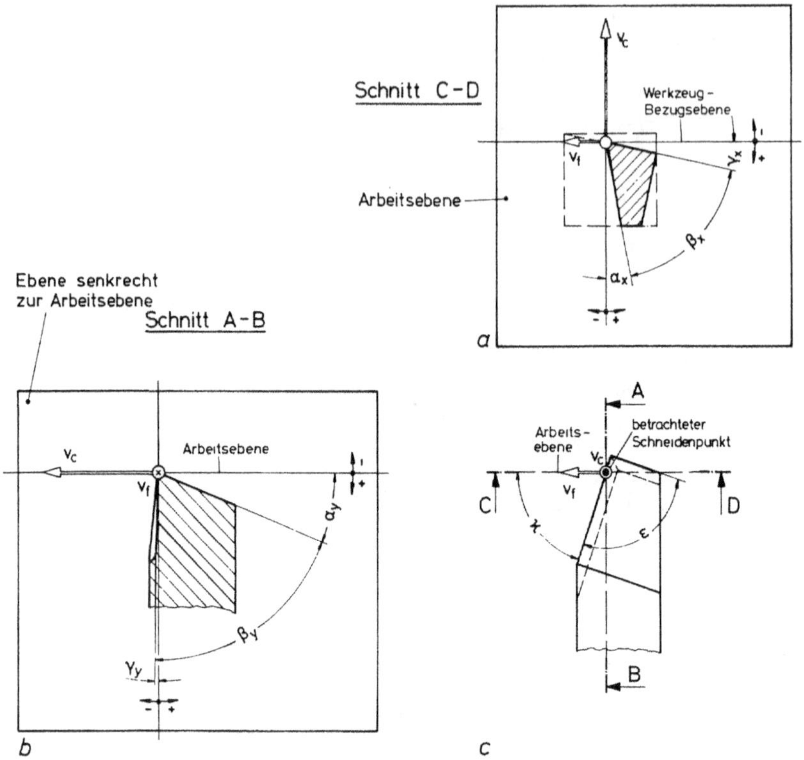

Bild 8a–c. Seiten- und Rückwinkel am Beispiel des Drehwerkzeugs. *a* Winkel in der Arbeitsebene, *b* Winkel in der Ebene senkrecht zur Arbeitsebene, *c* Winkel in der Werkzeug-Bezugsebene. α_x Seiten-Freiwinkel, β_x Seiten-Keilwinkel, γ_x Seiten-Spanwinkel; α_y Rück-Freiwinkel, β_y Rück-Keilwinkel, γ_y Rück-Spanwinkel; v_c Schnittgeschwindigkeit, v_f Vorschubgeschwindigkeit, κ Einstellwinkel, ε Eckenwinkel

2.1.2 Bewegungen und Geometrie des Zerspanungsvorgangs

Bei der spanenden Herstellung eines Bauteils wird dessen Form einmal durch die Geometrie des Schneidkeils und zum anderen durch die Relativbewegung zwischen Werkstück und Werkzeugschneide bestimmt. Die Bewegungen, die bei einem Zerspanungsvorgang auftreten, sind naturgemäß richtungsbehaftet und werden mit ganz bestimmten Geschwindigkeiten ausgeführt (*Bild 9*). Diese werden entsprechend DIN 6580 auf das ruhend gedachte Werkstück bezogen.

Die während der Spanabnahme ausgeführte Relativbewegung setzt sich im allgemeinen aus einer Schnitt- sowie einer oder mehreren Vorschubbewegungen zusammen, deren Resultierende die

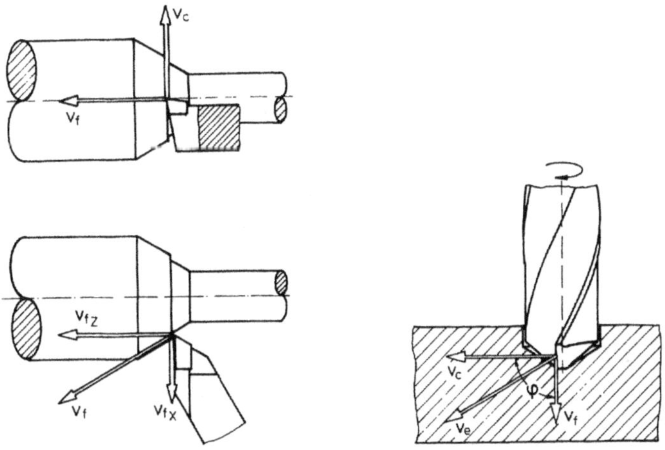

Bild 9. Schnittgeschwindigkeit v_c und Vorschubgeschwindigkeit v_f beim Nachformdrehen und Bohren. φ Vorschubrichtungswinkel

Wirkbewegung ist. Liegt eine aus mehreren Komponenten zusammengesetzte Vorschubbewegung vor, so werden die einzelnen Vorschubbewegungen mit einem Index gekennzeichnet, der der jeweiligen Maschinenachse entspricht (vgl. DIN 66217).

Die Geschwindigkeit, mit der die jeweilige Bewegung abläuft, wird als

- Schnittgeschwindigkeit v_c (c = cutting),
- Vorschubgeschwindigkeit v_f (f = feed) und
- Wirkgeschwindigkeit v_e (e = effektiv)

bezeichnet (*Bild 9*). Der Winkel, der von Schnittrichtung und Vorschubrichtung gebildet wird, ist der Vorschubrichtungswinkel φ. Dieser Winkel ist zwar beim Längsdrehen und Bohren konstant 90°, beim Fräsen ändert er dagegen über den Eingriffsbogen stetig seinen Wert (*Bild 10*). Besondere Bedeutung kommt diesem Winkel

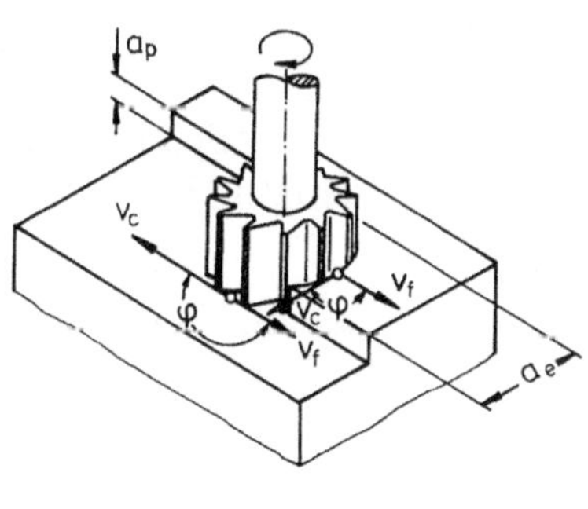

Bild 10. Vorschubrichtungswinkel φ sowie Lage der Schnittiefe a_p und des Schnitteingriffs a_e beim Fräsen. v_c Schnittgeschwindigkeit, v_f Vorschubgeschwindigkeit

z.B. bei der Berechnung der augenblicklichen Spanungsdicke beim Fräsen zu.

Die Schnittgeschwindigkeit bei sämtlichen Fertigungsverfahren mit rotierendem Werkzeug bzw. rotierendem Werkstück läßt sich wie folgt berechnen:

$$v_c = \pi \cdot D \cdot n \tag{1}$$

mit D = momentaner Werkstückdurchmesser bzw. Flugkreisdurchmesser des Werkzeugs, n = Werkstück- bzw. Werkzeugdrehzahl.

Der Vorschub f ist der zurückgelegte Weg des Werkzeugs je Umdrehung oder je Hub gemessen *in* der Arbeitsebene *in* Vorschubrichtung (*Bild 11a*).

Wird ein mehrschneidiges Werkzeug verwendet, so errechnet sich der Vorschub aus:

$$f = f_z \cdot z \tag{2}$$

mit f_z Zahnvorschub, z Zähnezahl.

Als Schnittvorschub f_c wird der Abstand zweier unmittelbar nacheinander entstehender Schnittflächen bezeichnet, gemessen *in* der Arbeitsebene *senkrecht* zur Schnittrichtung (*Bild 11b* und *c*). Hierfür gilt:

$$f_c = f_z \cdot \sin \varphi \tag{3}$$

Für Fertigungsverfahren, bei denen der Vorschubrichtungs-Winkel $\varphi = 90°$ ist, gilt demnach:

$$f_c = f_z \tag{4}$$

Mit diesen Angaben läßt sich die Vorschubgeschwindigkeit berechnen:

$$v_f = z \cdot f_z \cdot n \tag{5}$$

Neben dem Vorschub sind noch zwei weitere Größen notwendig, um den Eingriff des Werkzeugs genau zu bestimmen:

- die Schnittiefe a_p und
- der Schnitteingriff a_e.

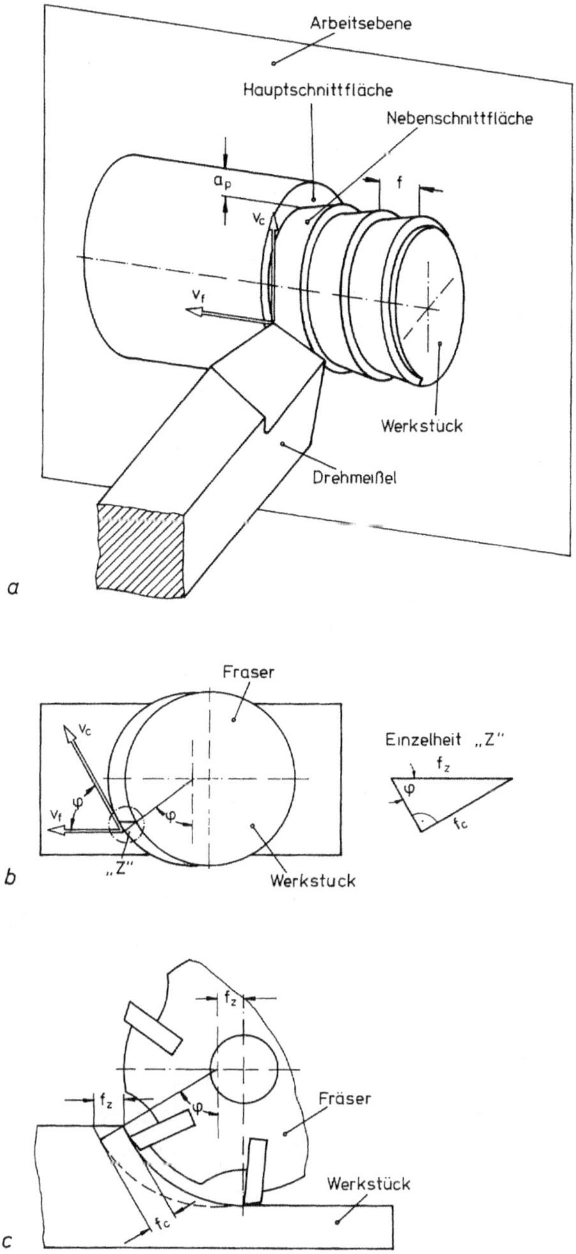

Bild 11a–c. Zusammenhang zwischen Schnittvorschub f_c und Zahnvorschub f_z am Beispiel des Längsdrehens (a), des Messerkopffräsens (b) und des Walzenfräsens (c). v_c Schnittgeschwindigkeit, v_f Vorschubgeschwindigkeit, a_p Schnittiefe, f Vorschub, φ Vorschubrichtungswinkel

Als Schnittiefe oder Schnittbreite a_p wird die Tiefe bzw. Breite des Eingriffs der Hauptschneide – gemessen *senkrecht* zur Arbeitsebene – bezeichnet. Im allgemeinen spricht man beim Längs- und Plandrehen sowie Stirnfräsen von der Schnittiefe a_p, während die definitionsgemäß gleiche Größe a_p z.B. beim Einstechdrehen, Räumen und Walzenfräsen als Schnittbreite bezeichnet wird. Beim Fräsen und Schleifen wird zur Bestimmung des Werkzeugeingriffs der Schnitteingriff a_e benötigt. Er wird *in* der Arbeitsebene und *senkrecht* zur Vorschubrichtung gemessen.

An der Maschine werden die Größen Schnittiefe a_p und Vorschub f bzw. Vorschubgeschwindigkeit v_f eingestellt. Da sie keinen direkten Einfluß auf die an der Werkzeugschneide wirkenden Belastungszustände haben, wird in der Zerspanungsforschung ausschließlich mit den aus den Eingriffsgrößen a_p und f abgeleiteten Spanungsgrößen gearbeitet. Hierbei wird unter der Spanungsdicke h die Dicke des abzunehmenden Spans senkrecht zur Schnittrichtung *und senkrecht* zur entsprechenden Schneide verstanden.

Analog hierzu ist die Spanungsbreite b die Breite des abzunehmenden Spans senkrecht zur Schnittrichtung gemessen in der Schnittfläche (*Bild 12*).

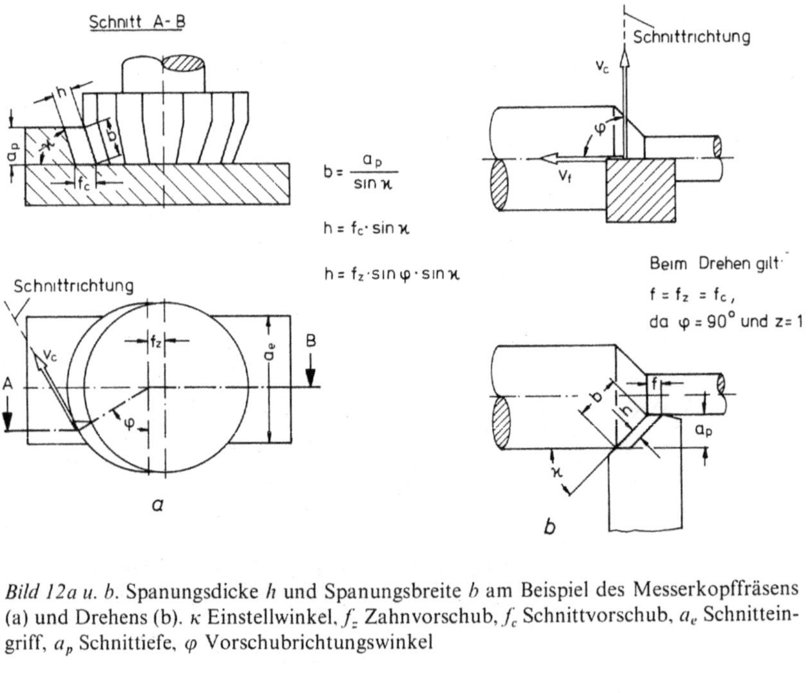

Bild 12a u. b. Spanungsdicke h und Spanungsbreite b am Beispiel des Messerkopffräsens (a) und Drehens (b). κ Einstellwinkel, f_z Zahnvorschub, f_c Schnittvorschub, a_e Schnitteingriff, a_p Schnittiefe, φ Vorschubrichtungswinkel

Mit Einstellwinkel κ lassen sich die Spanungsgrößen aus den zugehörigen Eingriffsgrößen wie folgt berechnen:

$$h = f_c \cdot \sin\kappa \qquad (6)$$

$$b = \frac{a_p}{\sin\kappa} \qquad (7)$$

Aufgabe 1

In welcher Ebene wird der Seiten-Spanwinkel γ_x und in welcher Ebene der Rück-Spanwinkel γ_y gemessen?

Aufgabe 2

Ein Werkstück soll ähnlich der Darstellung in *Bild 10* plangefräst werden.

Es gelten folgende Daten:

Fräserdurchmesser	$D = 80$ mm
Einstellwinkel	$\kappa = 75°$
Zähnezahl	$z = 5$
Schnittgeschwindigkeit	$v_c = 120$ m/min
Vorschubgeschwindigkeit	$v_f = 380$ mm/min
Schnitteingriff	$a_e = 50$ mm
Schnittiefe	$a_p = 3$ mm.

Berechnen Sie die Spanungsbreite b sowie die größte Spanungsdicke h.

Bei welchem Vorschubrichtungswinkel tritt die maximale Spanungsdicke auf?

Die Lösungen dieser Aufgaben finden Sie in Abschnitt 6.

2.2 Spanbildung

2.2.1 Mechanik der Spanbildung

Die Vorgänge bei der Spanbildung sind einfach zu übersehen, wenn der sogenannte Orthogonalschnitt mit Fließspanbildung betrachtet wird. Die Spanbildung läuft dabei als zweidimensionaler Vorgang in einer Ebene senkrecht zur Schneide ab. Der Orthogonalschnitt ist weitgehend verwirklicht beim Längs-Plandrehen [5] (*Bild 7b*) und beim Quer-Runddrehen [5]. Der Einstellwinkel ist $\kappa = 90°$ und es ist nur die Hauptschneide im Eingriff.

Beim Zerspanungsvorgang dringt ein geometrisch bestimmtes Werkzeug infolge der Relativbewegung zwischen Werkzeug und Werkstück in die Randschicht des Werkstücks ein. Das Werkzeug übt hierbei auf den in Schnittrichtung vor ihm liegenden Werkstoff Kräfte aus, die zur plastischen Verformung des Werkstoffs im Bereich der Scherebene sowie zur Scherung in der Scherebene und damit zu einer Spanbildung führen (*Bild 13*).

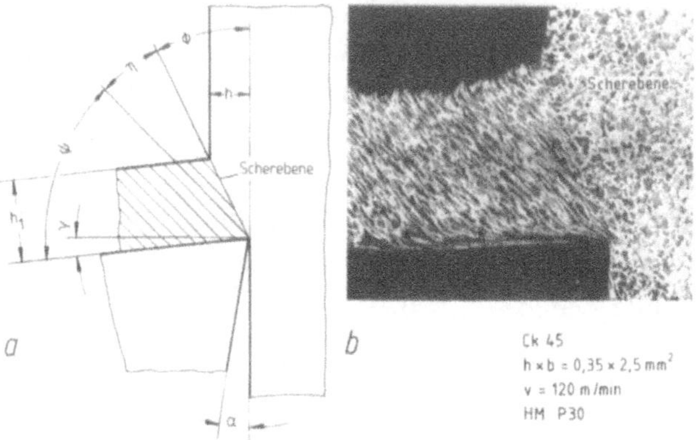

Bild 13a u. *b*. Spanbildung beim Drehen; *a* stark vereinfachte Modelldarstellung mit gezeichneten Lamellen, *b* Spanwurzelschliff mit Scherebene und Spanlamellen: α Freiwinkel, Φ Scherwinkel, η Strukturwinkel, ψ Fließwinkel, h Spanungsdicke, h_1 Spandicke, γ Spanwinkel; HM P30 Hartmetall zum Zerspanen von Stahl, Stahlguß und langspanendem Temperguß nach DIN 4990

Der Begriff der Scherebene entspricht allerdings einer idealisierten Vorstellung des Spanbildungsvorgangs [6, 7]. Den wirklichen Gegebenheiten kommt das im *Bild 14* vorgestellte Spanbildungsmo-

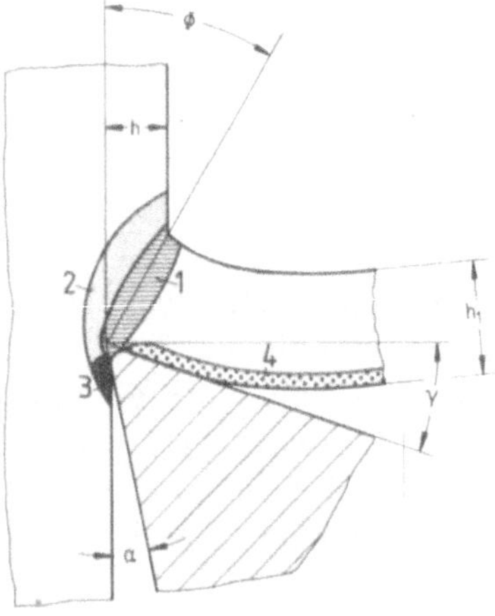

Bild 14. Modell zur Spanbildung am Beispiel des Orthogonalschnitts. α Freiwinkel, γ Spanwinkel, Φ Scherwinkel, h Spanungsdicke, h_1 Spandicke, *1* Spanentstehungs-Zone, *2* Bereich der elastischen und plastischen Verformung, *3*, *4* sekundäre Scherzonen

dell wesentlich näher. Hierin werden die an der Spanentstehung beteiligten Werkstoffbereiche in einzelne Zonen aufgeteilt [7]:

- Zone 1 umfaßt das eigentliche Gebiet der Spanentstehung durch Scherung.
- In Zone 2 werden durch den Spanbildungsvorgang Spannungen wirksam, die elastische und plastische Verformungen des Werkstoffgefüges hervorrufen.
- Die Zonen 3 und 4 werden als *sekundäre* Scherzonen bezeichnet, da hier durch Reibung mit der Werkzeugkontaktfläche an der Spanunterseite und an der neuentstandenen Werkstückoberfläche Schubspannungen wirksam werden, die zur plastischen Verformung dieser Werkstoffschichten führen.

Die im Bereich der Zonen 3 und 4 auftretende hohe mechanische und thermische Belastung des Werkzeugs begünstigt den Ablauf physikalischer und chemischer Vorgänge, die zum Verschleiß des Werkzeugs in diesen Bereichen führen. Hierauf wird in Abschnitt 2.5 noch ausführlich eingegangen werden.

Aufgrund der Deformation in der Scherzone und der Wirkung von Reibkräften auf der Spanfläche wird der Span gestaucht, d.h. die Spanungsdicke h geht in die Spandicke h_1 über (λ_h wird als Spandickenstauchung bezeichnet):

$$\frac{h_1}{h} = \lambda_h > 1 \tag{8}$$

Weiterhin geht die Spanungsbreite b in die Spanbreite b_1 über (λ_b ist die Spanbreitenstauchung):

$$\frac{b_1}{b} = \lambda_b > 1 \tag{9}$$

Durch Messung der Spandicke h_1 läßt sich der für die Spanbildung charakteristische Scherwinkel Φ wesentlich genauer ermitteln als aus Schliffbildern. Aus den geometrischen Beziehungen im *Bild 13* ergibt sich folgender Zusammenhang:

$$\tan \Phi = \frac{\cos \gamma}{\lambda_h - \sin \gamma} \tag{10}$$

Die Spandicke kann hierbei mit der Schieblehre gemessen werden. Zu genaueren Ergebnissen führt allerdings die von *Degner* [8] vorgeschlagene Massenbestimmung des nichtverformten und verformten Spanvolumens.

Bei der Bearbeitung plastisch verformbarer (duktiler) Werkstoffe bilden sich bei bestimmten Schnittbedingungen im Fließspanbereich Schichten aus dem zerspanten Werkstoff auf der Schneidenoberfläche, die unter dem Spandruck stark verfestigt werden. Es entsteht eine sogenannte Aufbauschneide, die eine hohe Härte gewinnt und damit die Funktion der Schneide übernehmen kann (*Bild 15*).

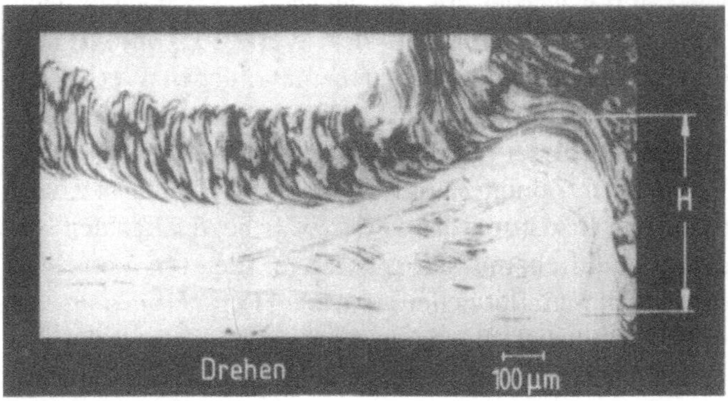

Bild 15. Aufbauschneide beim Drehen. Werkstoff: C45. Schneidstoff: HM P20. Schnittgeschwindigkeit $v_c = 22$ m/min, Spanungsdicke $h = 0.18$ mm, Freiwinkel $\alpha = 8°$, Spanwinkel $\gamma = 10°$, Neigungswinkel $\lambda = 0°$, H Höhe der Aufbauschneide

Die Ursachen für die Bildung von Aufbauschneiden sind bis heute noch nicht völlig geklärt. Für ihr Entstehen müssen folgende Bedingungen erfüllt sein:

1. Es muß eine ausreichende Reibung zwischen Span und Spanfläche herrschen.
2. Der Werkstoff muß genügend verfestigungsfähig sein.
3. Im Span muß eine geeignete Temperatur- und Spannungsverteilung vorliegen.

Teile der Aufbauschneide werden immer wieder instabil und wandern periodisch als Schuppen mit dem ablaufenden Span über die Spanfläche oder mit der ablaufenden Werkstückoberfläche über die Freifläche der Schneide ab. Damit wirken sich Aufbauschneiden auf das Ergebnis des Zerspanvorgangs aus. Durch abwandernde Aufbauschneiden-Schuppen verschlechtert sich die entstehende Werkstückoberfläche und der Werkzeugverschleiß erhöht sich. Da Aufbauschneiden über die Schneidkante überhängen können, verändert sich das Maß des Werkstücks. Ebenso verändern sich bei Zerspanung mit Aufbauschneide die zur Spanabnahme benötigten Kräfte.

Mit zunehmender Schnittgeschwindigkeit nehmen zunächst die Aufbauschneiden-Abmessungen zu, bis einsetzende Rekristallisations- und Umwandlungsvorgänge zu einem Abbau der Aufbauschneidenhärte und damit zu verringerten Aufbauschneiden-Abmessungen führen. Ab einer bestimmten Grenz-Schnittgeschwindigkeit sind keine Aufbauschneiden mehr zu beobachten.

Das Bilden einer Aufbauschneide kann verhindert oder zumindest stark eingeschränkt werden durch:
- Anwendung von Kühlschmierstoff,
- Änderung der Schnittgeschwindigkeit,
- Wahl einer geeigneten Werkzeuggeometrie,
- gezielte Veränderung des Gefüges durch Wärmebehandlung.

2.2.2 Spanarten und Spanformen

Im allgemeinen wird zwischen den nachfolgend aufgeführten vier grundlegenden Spanarten unterschieden [6]:

1. *Fließspan* (*Bild 16a*). Beim Fließspan fließt der Werkstoff stetig ab. Die einzelnen Spanlamellen sind gegeneinander verschoben, ohne daß hierbei die Scherfestigkeit des Werkstoffs überschritten worden wäre.

Folgende Voraussetzungen müssen bei der Bildung eines Fließspans gegeben sein:
- Zerspanung bei kleinen und mittleren Spanungsdicken,
- Zerspanung eines Werkstoffs mit ausreichendem Verformungsvermögen und
- keine Beeinflussung des Zerspanungsvorgangs durch äußere Schwingungen.

2. *Lamellenspan* (*Bild 16b*). Diese Spanart zeigt in regelmäßigen Abständen Zonen mit ausgeprägt starker und solche mit wesentlich geringerer Verformung. An Stellen starker Verformung ist der Span dünner als an Stellen geringerer Verformung. Die Spanoberseite zeigt im Vergleich zum Fließspan eine wesentlich ausgeprägtere Lamellenbildung.

Voraussetzungen für das Entstehen von Lamellenspänen sind:
- Zerspanung mit größeren Spanungdicken,
- Schwingungen der Maschine, die zu Schwankungen der Spanungsdicke führen, und
- ungleichmäßiges Werkstoffgefüge.

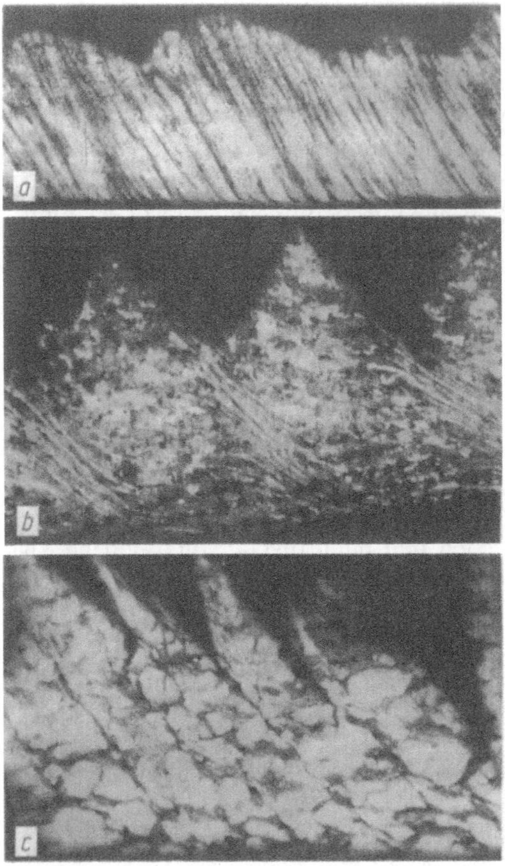

Bild 16 a–c. Spanarten. *a* Fließspan, *b* Lamellenspan, *c* Scherspan [6]

3. *Scherspan* (*Bild 16 c*). Der Scherspan besteht aus Spanteilen, die in der Scherzone vollkommen getrennt waren und anschließend wieder verschweißt wurden. Diese Spanart entsteht, wenn die Verformung in der Scherzone das Verformungsvermögen des Werkstoffs überschreitet.

4. *Reißspan.* Reißspäne entstehen bei der Zerspanung von Werkstoffen, die nur ein geringes plastisches Verformungsvermögen besitzen, z.B. Gußeisen. Die Trennstelle zwischen Span und Werkstück verläuft unregelmäßig, was meist auch zu einer schlechten Oberfläche führt.

Neben der Spanart ist die Spanform ein wichtiges Kennzeichen. Die Beurteilung der im *Bild 17* aufgetragenen Spanformen muß nach zwei Gesichtspunkten geschehen:

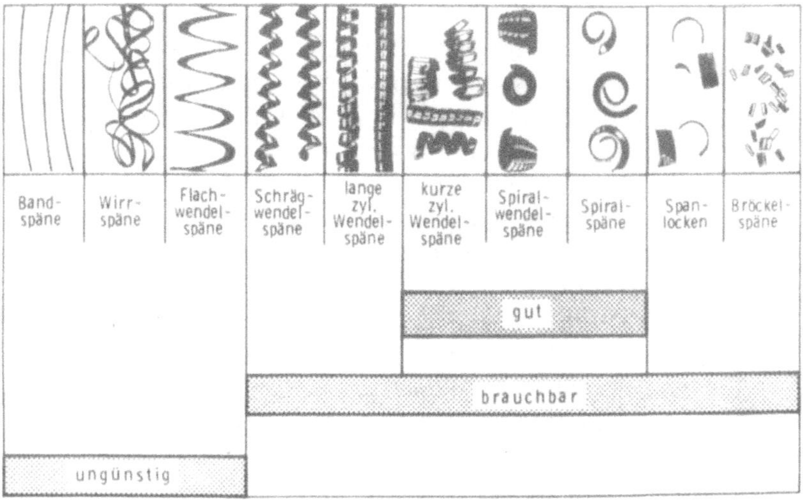

Bild 17. Beurteilung der beim Drehen auftretenden Spanformen [10]

- Die Späne sollen so geformt sein, daß sie leicht aus dem Bearbeitungsraum der Maschine entfernt werden können und sich nicht in Späneförderanlagen festsetzen.
- Eine Gefährdung des Bedienungspersonals durch die Späne muß unbedingt vermieden werden.

Die Spanform kann durch Variation folgender Parameter beeinflußt werden [9]:

- Werkzeugmaschine,
- Schneidstoff,
- Werkstück-Werkstoff,
- Spanleitstufen,
- Kühlschmierstoff,
- Schnittbedingungen und
- Schneidengeometrie.

Aufgabe 3

Leiten Sie die Formel 10 aus den geometrischen Beziehungen des Bildes 13 ab.

Die Lösung dieser Aufgabe finden Sie in Abschnitt 6.

2.3 Kräfte und Leistungen

2.3.1 Bedeutung der Zerspankräfte

Für die praktische Anwendung spanender Fertigungsverfahren ist es sehr wichtig, möglichst umfangreiche Kenntnisse über die bei der Zerspanung auftretenden Kräfte zu besitzen.

Die Zerspankräfte sind Grundlage für die Konstruktion der Werkzeugmaschinen und deren Bauteile sowie der Werkzeuge und Spannvorrichtungen. Bei der Bearbeitung bewirken sie eine Verformung der Werkstücke, so daß sie häufig auch schon bei deren Konstruktion mit berücksichtigt werden müssen. Auch die Arbeitsvorbereitung benötigt Kenntnisse über die auftretenden Zerspankräfte, um die Arbeitsaufgaben auf die vorhandenen Werkzeugmaschinen richtig verteilen zu können. Da die Zerspankräfte bei vorgegebenem Werkstoff von den Zerspanparametern abhängen, ist für die Auswahl bestmöglicher Schnittbedingungen eine möglichst umfassende Kenntnis ihres Einflusses unumgänglich.

Im Bereich adaptiver Regelsysteme sind die Zerspankräfte Grundlage für die Bildung von Regelstrategien.

2.3.2 Begriffe und Bezeichnungen

Im folgenden sollen Begriffe und Bezeichnungen verwendet werden, wie sie in der neuesten Fassung der DIN 6584 [44] vorgesehen sind.

Die Summe aller bei der Spanbildung am Schneidenkeil angreifenden Kraftkomponenten wirkt als Zerspankraft F auf das Werkzeug und als Reaktionskraft gleicher Größe auf das Werkstück. Daraus ergibt sich die im *Bild 18* dargestellte Aufteilung. Zur genauen Bestimmung der Zerspankraft nach Größe *und* Richtung ist es zweckmäßig, diese auf definierte Ebenen oder Richtungen zu projizieren (*Bild 19* und *20*). (Die Reaktionskräfte wurden nur wegen der besseren Darstellbarkeit eingezeichnet.) Projiziert man die Zerspankraft auf die Arbeitsebene, so erhält man die Aktivkraft F_a. Sie ist, da in dieser Ebene die Bewegungen ausgeführt werden, leistungsführend. Senkrecht zur Arbeitsebene wirkt die Passivkraft F_p, sie ist an der Zerspanleistung nicht beteiligt.

Die Zerlegung der Aktivkraft F_a kann je nach Aufgabenstellung nach mehreren Richtungen erfolgen:

- Bezogen auf die Schnittrichtung; hierbei wird F_a zerlegt in die Schnittkraft F_c parallel zur Schnittrichtung und senkrecht dazu in die Schnitt-Normalkraft F_{cn} (*Bild 20 a*).
- Bezogen auf die Vorschubrichtung; F_a wird in die Vorschubkraft F_f parallel zur Vorschubrichtung und senkrecht dazu in die Vorschub-Normalkraft F_{fn} (*Bild 20 b*) zerlegt.
- Bezogen auf die Wirkrichtung; sinngemäß wird F_a in die Wirkkraft F_e und die Wirk-Normalkraft F_{en} zerlegt.

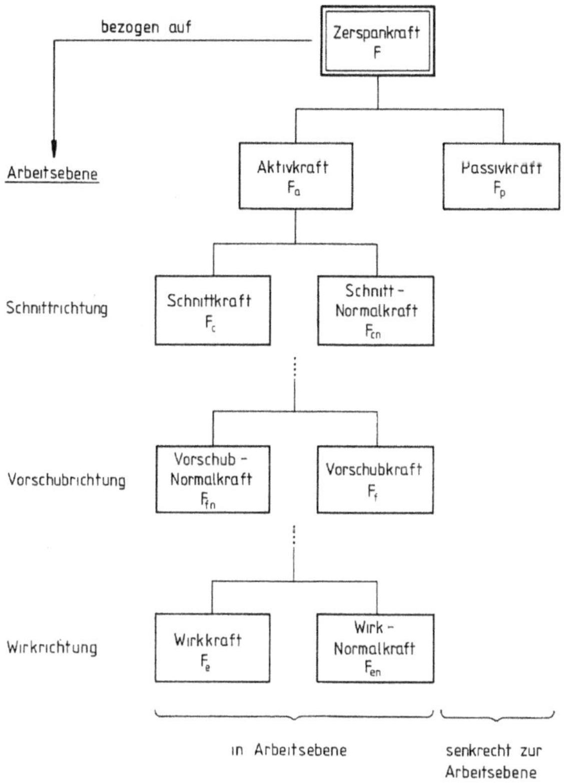

Bild 18. Systematik zur Zerlegung der Zerspankraft [44]

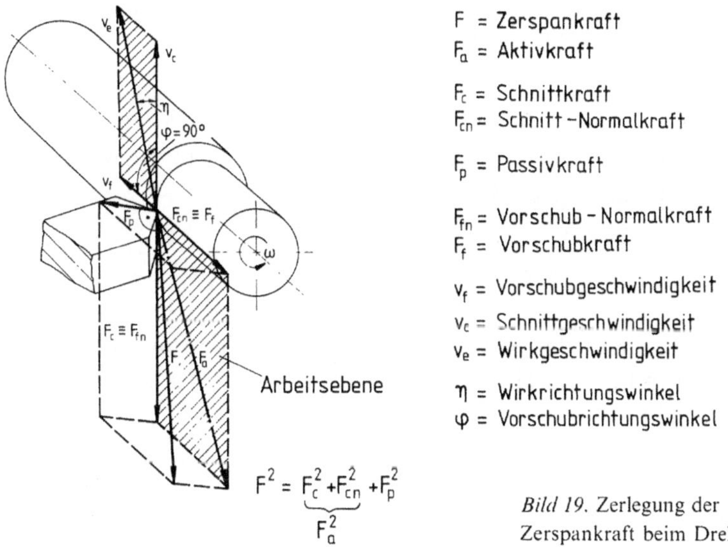

Bild 19. Zerlegung der Zerspankraft beim Drehen [44]

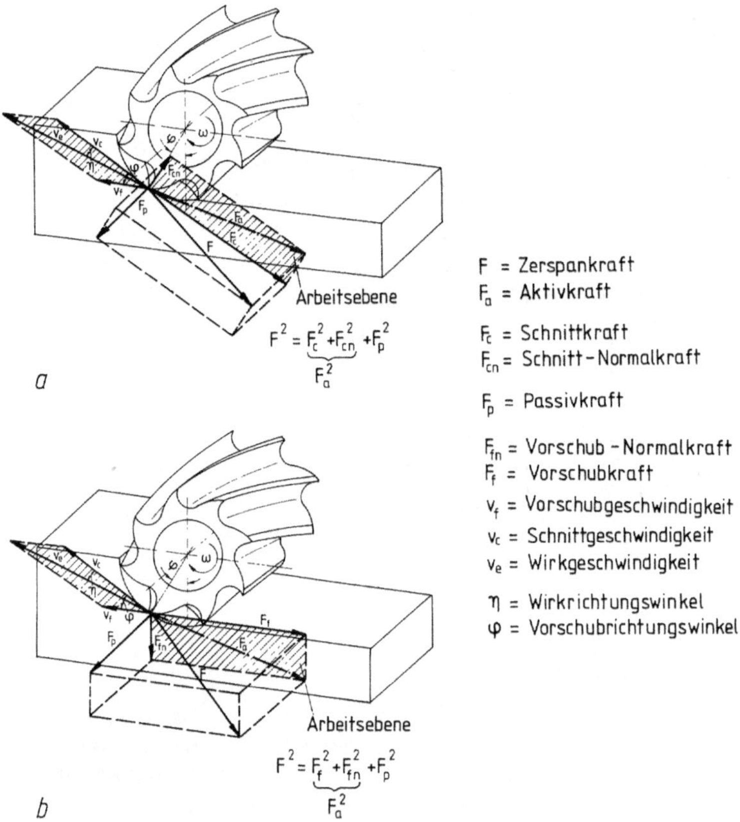

Bild 20a u. *b*. Zerlegung der Zerspankraft beim Fräsen. *a* bezogen auf die Schnittrichtung, *b* bezogen auf die Vorschubrichtung

Sonderfälle: Ist der Vorschubrichtungswinkel $\varphi = 90°$ (z.B. beim Drehen und Bohren), so stehen Schnitt- und Vorschubbewegungen senkrecht zueinander (*Bild 19*) und es gilt:

$$F_c \equiv F_{fn} \tag{11}$$

$$F_f \equiv F_{cn} \tag{12}$$

Wird während der Schnittbewegung keine Vorschubbewegung ausgeführt (z.B. beim Hobeln), so ist der Wirkrichtungswinkel $\eta = 0°$ und es gilt:

$$F_e \equiv F_c \tag{13}$$

$$F_{en} \equiv F_{cn} \tag{14}$$

2.3.3 Das Zerspankraftgesetz

In der Vergangenheit hat es nicht an Versuchen gefehlt, die Zerspankraft in Abhängigkeit von den wesentlichen Zerspanungsgrößen mathematisch zu beschreiben.

Die Anwendung des Zerspankraftgesetzes nach *Kienzle-Victor* [11] ist heute am weitesten verbreitet, nicht zuletzt wegen seiner Einfachheit und der damit verbundenen besonderen Eignung für die betriebliche Nutzung. Das Gesetz wurde aus Versuchsergebnissen abgeleitet, und zwar ursprünglich nur für die Schnittkraft; seine Anwendung auf die Zerspankraft selbst ist jedoch ohne weiteres möglich, wobei es zweckmäßigerweise nach Zerlegung der Zerspankraft komponentenweise aufgestellt wird. Die wesentlichen Einflußgrößen auf die Zerspankraft können in grundlegende und korrigierbare aufgeteilt werden (*Bild 21*). Dabei gehen die grundlegenden Größen direkt in das Gesetz ein, während die korrigierbaren in Form von Korrekturfaktoren zu berücksichtigen sind.

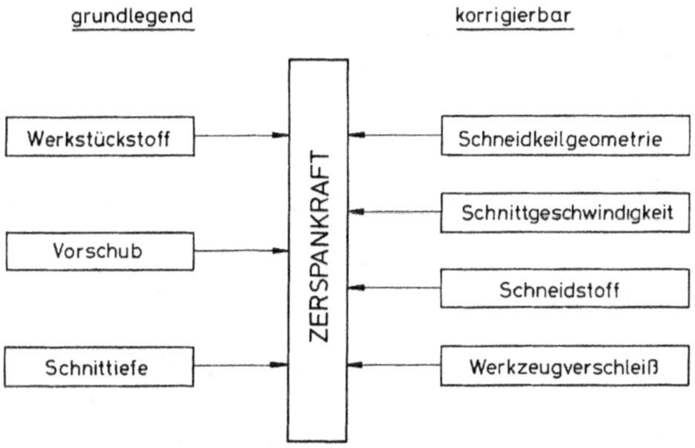

Bild 21. Einflußfaktoren auf die Zerspankraft

Führt man einen Proportionalitätsfaktor ein, dann kann ein Zusammenhang zwischen den einzelnen Komponenten der Zerspankraft F_i und dem Spanungsquerschnitt A ($i = c$, cn, p oder $i = f$, fn, p) hergestellt werden:

$$F_i = A \cdot k_i \tag{15}$$

mit

$$A = a_p \cdot f_c = b \cdot h \tag{16}$$

Der Proportionalitätsfaktor k_i wird spezifische Zerspankraft genannt. Für den Aufbau eines Zerspankraftgesetzes werden die Spanungsgrößen b und h (Spanungsbreite und -dicke) herangezogen (*Bild 22*).

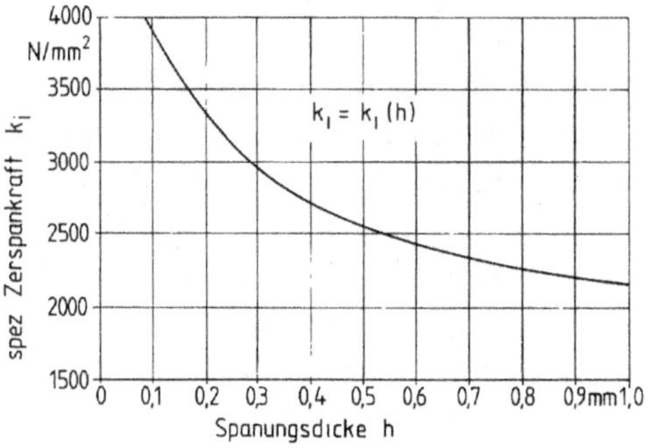

Bild 22. Typischer Verlauf der spezifischen Zerspankraft k_i als Funktion der Spanungsdicke h (linear)

Werden in Versuchen ermittelte Werte für die spezifische Zerspankraft k_i oder die bezogene Zerspankraft F_i/b im doppelt-logarithmischen Maßstab über der Spanungsdicke aufgetragen, so können die ermittelten Meßwerte in beiden Fällen durch eine Gerade ausgeglichen werden:

$$k_i = k_{i\,1\cdot 1} \cdot h^{-c_i} \quad (\textit{Bild 23}) \tag{17}$$

Unter Verwendung der Gl. (15) und (16) ergibt sich das Zerspankraftgesetz:

$$F_i = b \cdot h^{1-c_i} \cdot k_{i\,1\cdot 1} \quad (\textit{Bild 24}). \tag{18}$$

Die zeichnerische Ermittlung der Zerspankraft-Kennwerte $k_{i\,1\cdot 1}$, c_i bzw. $(1-c_i)$ kann nach den *Bildern 23* und *24* vorgenommen werden. Nach *Bild 21* müssen die Zerspankraftkennwerte

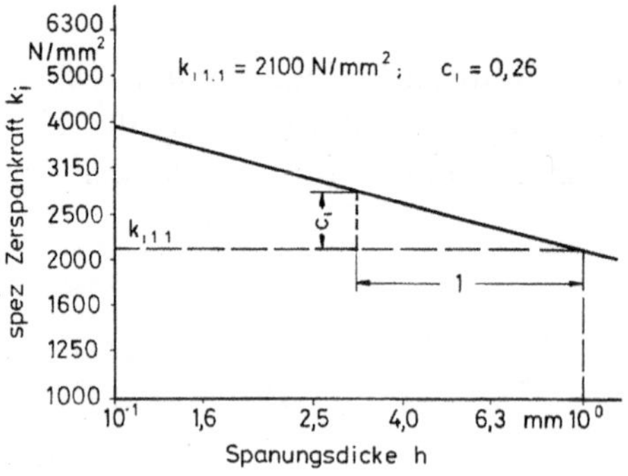

Bild 23. Spezifische Zerspankraft k_i als Funktion der Spanungsdicke h (doppelt-logarithmisch), $k_{i\,1\cdot 1}$ Hauptwert der spezifischen Zerspankraft, c_i Anstiegswert

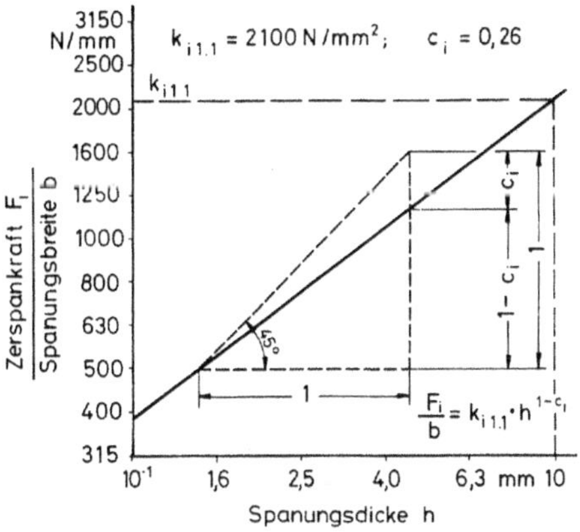

Bild 24. Bezogene Zerspankraft F_i b als Funktion der Spanungsdicke h (doppelt-logarithmisch). c_i Anstiegswert. $k_{i1.1}$ Hauptwert der spezifischen Zerspankraft

für jeden Werkstück-Werkstoff, kurz Werkstückstoff genannt, getrennt ermittelt werden.

2.3.4 Das erweiterte Zerspankraftgesetz

Neuere Untersuchungen haben ergeben, daß ein Ausgleich der Meßpunkte im $k_i - h$-Diagramm mit doppelt-logarithmischem Maßstab durch eine Gerade strenggenommen nur bereichsweise möglich ist [12]. Der gesamte beim Spanen mit geometrisch bestimmten Schneiden üblicherweise verwendete Spanungsdickenbereich von 0,001 mm $\leqq h \leqq$ 1,6 mm wird deshalb in drei Bereiche aufgeteilt, und die Meßpunkte werden bereichsweise durch Geraden ausgeglichen (*Bild 25*). Die Bezeichnungen für den Hauptwert der spezifischen Zerspankraft und den Anstiegswert sind *Tabelle 1* zu entnehmen.

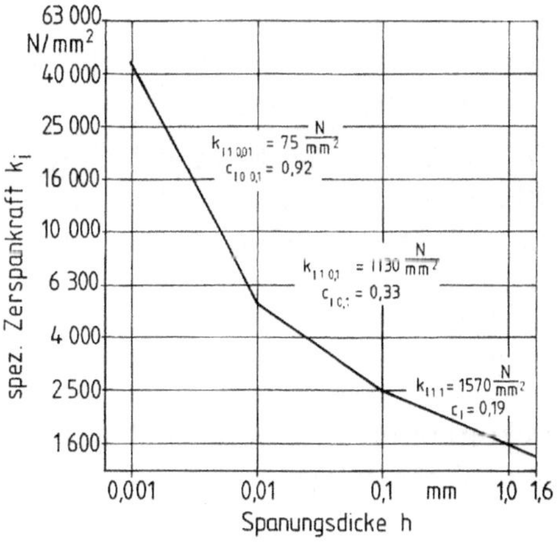

Bild 25. Bereiche der spezifischen Zerspankraft. $k_{i1 \cdot 0.01}$ Hauptwert der spezifischen Zerspankraft im Spanungsdickenbereich $h = 0{,}001 \ldots 0{,}01$ mm, $c_{i0.01}$ zugehöriger Anstiegswert

Tabelle 1. Bezeichnung der Konstanten für das erweiterte Zerspankraftgesetz

Spanungsdicke h in mm	Hauptwert in N/mm²	Anstiegswert	Zerspankraftgesetz
0,001 ... 0,01	$k_{i\,1\cdot 0{,}01}$	$1-c_{i\,0{,}01}$	$F_i = b \cdot h^{1-c_{i\,0{,}01}} \cdot k_{i\,1\cdot 0{,}01}$
0,01 ... 0,1	$k_{i\,1\cdot 0{,}1}$	$1-c_{i\,0{,}1}$	$F_i = b \cdot h^{1-c_{i\,0{,}1}} \cdot k_{i\,1\cdot 0{,}1}$
0,1 ... 1,6	$k_{i\,1\cdot 1}$	$1-c_i$	$F_i = b \cdot h^{1-c_i} \cdot k_{i\,1\cdot 1}$

2.3.5 Korrigierbare Einflußgrößen auf die Zerspankraft

Für die einzelnen korrigierbaren Einflußgrößen auf die Zerspankraft können Faktoren angegeben werden, mit denen die berechneten gegenüber den in Versuchen ermittelten Zerspankraftkomponenten berichtigt werden können, falls die Zerspanbedingungen gegenüber den Versuchen geändert sind. Korrekturwerte können unter Auswertung der zahlreichen Angaben im Schrifttum häufig nur größenordnungsmäßig angegeben werden. Für eine betriebliche Verwendung sind diese Werte jedoch durchaus brauchbar.

2.3.5.1 Eingriffsgrößen

Die Eingriffsgrößen Vorschub und Schnittiefe gehen über den Spanungsquerschnitt A nach Gleichung 16 unmittelbar in das Zerspankraftgesetz ein.

2.3.5.2 Schneidkeilgeometrie

Der Einfluß der Schneidkeilgeometrie ist wichtig. Nach [13] können folgende Korrekturwerte angenommen werden:

- Bei kleiner (größer) werdendem *Spanwinkel* beträgt die Erhöhung (Senkung) der Schnittkraft F_c rd. 1,5% je Grad Spanwinkeländerung gegenüber dem Versuchswert. Korrekturen sollten jedoch nur bis $\pm 10°$ um den Ausgangswert erfolgen.
- Im Bereich üblicher *Freiwinkel* ($2° \leqq \alpha \leqq 12°$) ist kein Einfluß auf die Schnittkraft festzustellen.

Für die Ermittlung von Korrekturfaktoren in bezug auf weitere Zerspankraftkomponenten und Werkzeugwinkel sei auf das Schrifttum [14] verwiesen.

2.3.5.3 Schnittgeschwindigkeit und Schneidstoff

Der Einfluß der Schnittgeschwindigkeit ist für die verwendeten Werkstückstoffe und die eingesetzten Schneidstoffe unterschiedlich zu bewerten.

Mit Schnellarbeitsstahl-Werkzeugen wird üblicherweise im Bereich der Aufbauschneidenbildung gearbeitet, und es liegt ein Zerspankraftmaximum vor. Teilweise schwanken die Zerspankräfte hier stark.

Hartmetalle werden zur Vermeidung von Aufbauschneiden bei Schnittgeschwindigkeiten $v_c \geqq 30$ m/min bis etwa $v_c = 300$ m/min eingesetzt. Sofern sich keine Aufbauschneiden bilden, ist ein leichter hyperbolischer Zerspankraftabfall bei zunehmender Schnittgeschwindigkeit festzustellen. Bei Herabsetzen der Schnittgeschwindigkeit von $v_c = 120$ m/min auf $v_c = 30$ m/min ist im Mittel ein Anstieg der Schnittkraft F_c um rd. 20% zu erwarten [13]. Der Einfluß der Schnittgeschwindigkeit auf Schnitt-Normalkraft F_{cn} und Passivkraft F_p ist ähnlich, betragsmäßig aber größer.

Wird Keramik als Schneidstoff verwendet, dann kann aufgrund geänderter Reibungsverhältnisse mit einer verringerten Schnittkraft F_c um etwa 10% gegenüber Hartmetall gerechnet werden.

2.3.5.4 Werkzeugverschleiß

Der Einfluß des Werkzeugverschleißes auf die Zerspankräfte ist sehr hoch, mit zunehmendem Verschleiß ist stets eine Erhöhung der Zerspankraft verbunden. Quantitative Aussagen waren bisher wegen der vielzähligen Einflüsse häufig nur näherungsweise möglich [14]. Aufgrund systematischer Untersuchungen konnte der Werkzeugverschleiß direkt im Zerspankraftgesetz (Gleichung 18) berücksichtigt werden [15].

2.3.6 Zerspankraftmessung

Die Zerspankraft mißt man in einer, zwei oder drei Komponenten. Mit Hilfe von Kraftaufnehmern wird ein elektrisches Signal, z.B. eine elektrische Spannung, erzeugt, das dann verstärkt und mit üblichen Meßgeräten für elektrische Größen gemessen werden kann. Meist werden die Kraftaufnehmer in Zerspankraftmesser eingebaut, auf denen das Werkzeug oder das Werkstück befestigt werden kann.

Um Fehlereinflüsse bei der Messung der Zerspankraft zu vermeiden, soll ein idealer Zerspankraftmesser neben einer hohen Eigenfrequenz eine gute Steifigkeit bei geringer Temperaturempfindlichkeit besitzen. Durch eine gute Linearität wird die Zuordnung zwischen gemessenem Signal und Meßgröße erleichtert. Bei gleichzeitiger Messung mehrerer Kraftkomponenten sollen sich die einzelnen Komponenten möglichst wenig beeinflussen. Auf der Grundlage von Dehnungsmeßstreifen können Zerspankraftmesser verhältnismäßig einfach aufgebaut werden. Es muß hier jedoch immer eine Dehnung, das heißt ein Weg vorliegen, um eine elektrisches Signal zu erzeugen. Fast wegfreie Messungen sind mit piezoelektrischen Zerspankraftmessern (*Bild 26*) möglich, die die genannten Forderungen in nahezu idealer Weise erfüllen. Diese Zerspankraftmesser eignen sich jedoch nur für dynamische oder quasistatische Messungen.

Bild 26. Piezo-elektrischer Zerspankraftmesser (Kistler). Meßbereich: $F_x = \pm 10$ kN, $F_y = \pm 10$ kN, $F_z = +20$ kN. Aufspannfläche: 260 mm × 260 mm

2.3.7 Leistungen

Die Zerspanleistungen ergeben sich als Produkt aus den Geschwindigkeitskomponenten und den in deren Richtung wirkenden Zerspankraftkomponenten:

Schnittleistung: $P_c = F_c \cdot v_c$ (19)

Vorschubleistung: $P_f = F_f \cdot v_f$ (20)

Wirkleistung: $P_e = F_e \cdot v_e$ (21)

Die Wirkleistung ist die Summe aus Schnittleistung und Vorschubleistung:

$$P_e = P_c + P_f \quad (22)$$

2.4 Temperaturen am Schneidkeil

2.4.1 Energiebilanz

Für das Zerspanen wird am Schneidkeil Energie aufgebracht, die als Scher- und Trennarbeit sowie als Reibungsarbeit an Span- und Freifläche verbraucht (*Bild 27*) wird. *Bild 28* zeigt die Energie-Um-

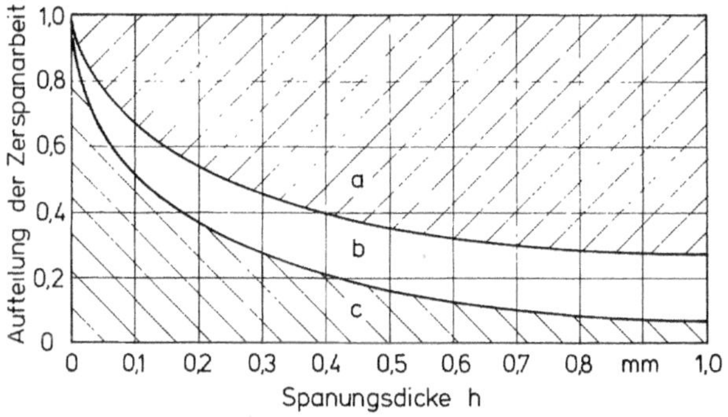

Bild 27. Aufteilung der Zerspanarbeit [6]. *a* Scherarbeit, *b* Spanflächenreibung, *c* Freiflächenreibung + Trennarbeit

wandlungstellen. Der größte Teil der Energie wird dabei als Wärme frei und muß von der Wirkstelle abgeleitet werden. *Bild 29* zeigt näherungsweise die Aufteilung der Gesamtwärmemenge auf die einzelnen Träger Werkstück, Werkzeug und Span, wenn kein Kühlschmierstoff verwendet wird. Wegen der unterschiedlichen Wärmekapazitäten kann daraus jedoch nicht auf die entsprechenden Temperaturen geschlossen werden (*Bild 30*).

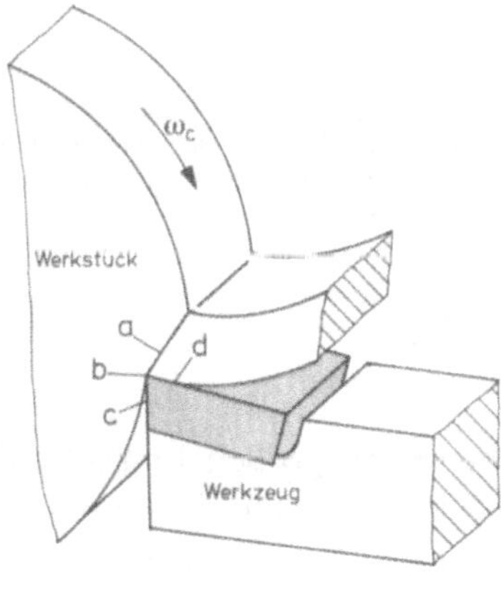

Bild 28. Energieumwandlungsstellen [6].
a Scherebene, *b* Trenngebiet, *c* Reibungszone Freifläche, *d* Reibungszone Spanfläche, ω_c Winkelgeschwindigkeit

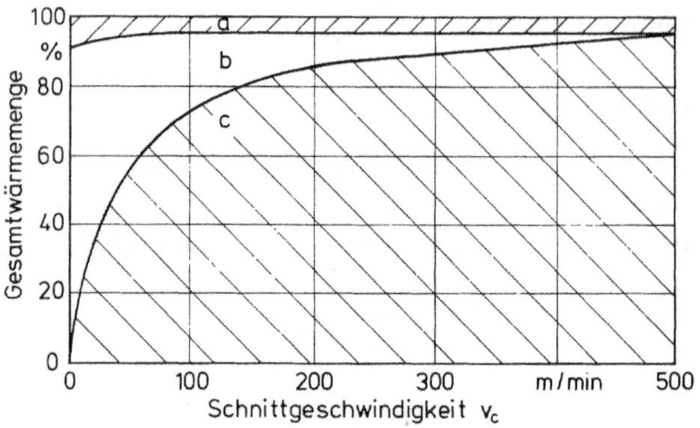

Bild 29. Wärmeaufteilung in Abhängigkeit von der Schnittgeschwindigkeit [2]. *a* Wärme im Werkzeug, *b* Wärme im Werkstück, *c* Wärme im Span

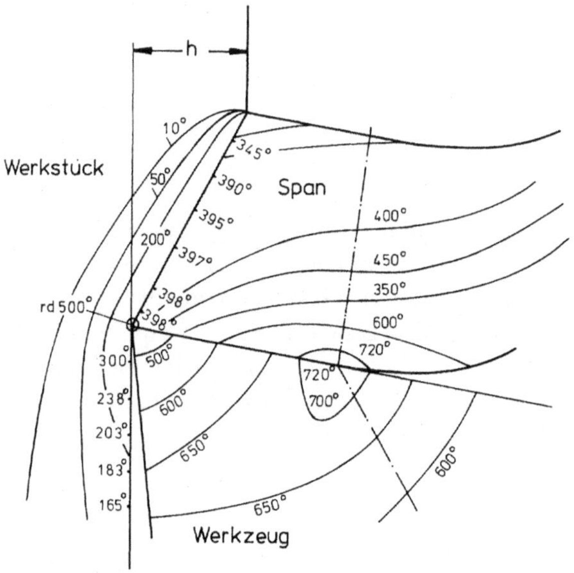

Bild 30. Temperaturfelder in Werkstück, Span und Werkzeug beim Zerspanen von Stahl [6]. Schneidstoff: HM (Hartmetall) P20, Schnittgeschwindigkeit $v_c = 60$ m/min, Spanungsdicke $h = 0{,}32$ mm, spezifische Schnittkraft $k_c = 2300$ N/mm^2

2.4.2 Auswirkungen der Meißeltemperatur auf das Verschleißverhalten

Das Standvermögen der Werkzeuge hat einen großen Einfluß auf die Wirtschaftlichkeit des Zerspanvorgangs. Obwohl die einzelnen Ursachen des Werkzeugverschleißes bis heute noch nicht restlos geklärt sind, ist bekannt, daß die Temperaturverteilung am und im Schneidkeil den Werkzeugverschleiß sehr stark beeinflußt. Folgende Verschleißursachen sind direkt temperatur-abhängig:

- Schneidkantenerweichung durch Überschreiten der Warmhärte des Schneidstoffs,
- Diffusion,
- Adhäsion (Belagbildung) und
- Oxydation (Verzunderung).

Wenn sich Aufbauschneiden bilden, ist mit einem vergrößerten Schneidenverschleiß zu rechnen. Das Bilden der Aufbauschneide wird durch die temperatur-bedingten Festigkeitseigenschaften des zerspanten Werkstoffs und damit auch durch die Zerspantemperaturen beeinflußt (Abschnitt 2.2.1).

2.4.3 Verfahren zur Messung von Zerspantemperaturen

Eine Übersicht über die gebräuchlichen Verfahren zur Temperaturmessung zeigt *Bild 31.* Bei den thermo-elektrischen Meßverfahren

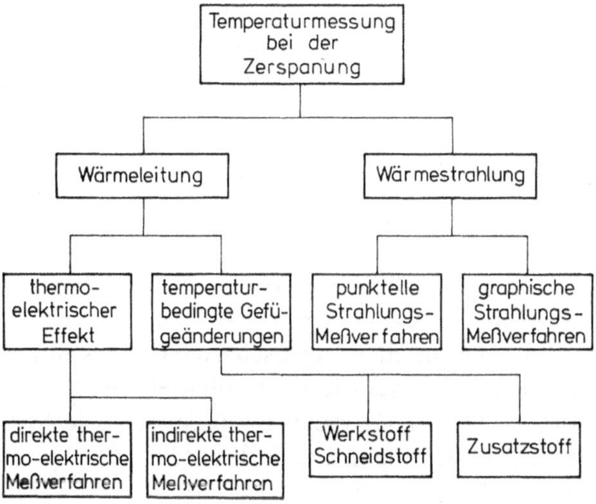

Bild 31. Verfahren zur Temperaturmessung bei der Zerspanung [45]

werden entweder Thermoelemente in den Meißel oder das Werkstück eingebaut (indirekte Verfahren), oder aber das Werkzeug und das Werkstück als Thermopaar betrachtet (direktes Verfahren). Durch die unterschiedliche, chemische Zusammensetzung von Schneidstoff und Werkstoff entsteht während des Zerspanvorgangs eine meßbare und temperatur-abhängige elektrische Spannung, die Rückschlüsse auf die Temperatur an der Wirkstelle zuläßt. Zu den Stoffen, die infolge temperatur-bedingter Gefügeänderungen Temperaturmessungen ermöglichen, sind die „Thermocolorfarben" zu zählen. Diese Farben können auf Werkzeugoberflächen oder auf Trennflächen zusammengesetzter Werkzeuge aufgebracht werden und kennzeichnen durch ihre temperatur-abhängige Farbänderungen Isothermen am und im Schneidkeil spanender Werkzeuge zumindest in einiger Entfernung von Frei- und Spanfläche. In grober Näherung kann die Zerspantemperatur nach den Anlaßfarben an der Spanunterseite von Stahlwerkstoffen ermittelt werden.

Mit Hilfe von Strahlungsmeßgeräten oder durch Verwendung infrarot-empfindlicher Filme (Infrarot-Fotografie) können über die Bestimmung der Wärmestrahlung die Temperaturen an Werkzeug, Werkstück und Span gemessen werden. Im Gegensatz zur Infrarot-Fotografie ermöglicht die Fernseh-Thermographie die zeitlich unmittelbare Aufzeichnung von Temperaturfeldern auf der Grundlage der Wärmestrahlungsmessung.

Die Auswahl eines bestimmten Verfahrens hängt vom jeweiligen Anwendungsfall ab. Häufig ist ein verhältnismäßig großer Versuchsaufwand nötig. Trotzdem ist die Genauigkeit zahlreicher Meßverfahren nur mäßig.

2.4.4 Temperaturfelder

In der Umgebung der Kontaktzonen zwischen Werkstück und Werkzeug werden die Ausbildung der Temperaturfelder durch die Meißelgeometrie und die thermischen Eigenschaften der beteiligten Werkstoffe, vorwiegend aber durch die Eigenschaften des zu zerspanenden Werkstoffs, sowie die Zerspan-Bedingungen wie Spanungsdicke und Schnittgeschwindigkeit beeinflußt (*Bild 32*). Durch einen Kühlschmierstoff kann besonders im Bereich niedriger Schnittgeschwindigkeiten die Schnittemperatur erheblich herabgesetzt werden. Der Kühlschmierstoff kann in die Kontaktzonen eindringen und die Reibung herabsetzen sowie auch einen Teil der Zerspanungswärme abführen. Bei hohen Schnittgeschwindigkeiten ist die Zeit für einen Wärmeübergang an den Kühlschmierstoff zu kurz. Deshalb ist hier auch die Kühlwirkung gering.

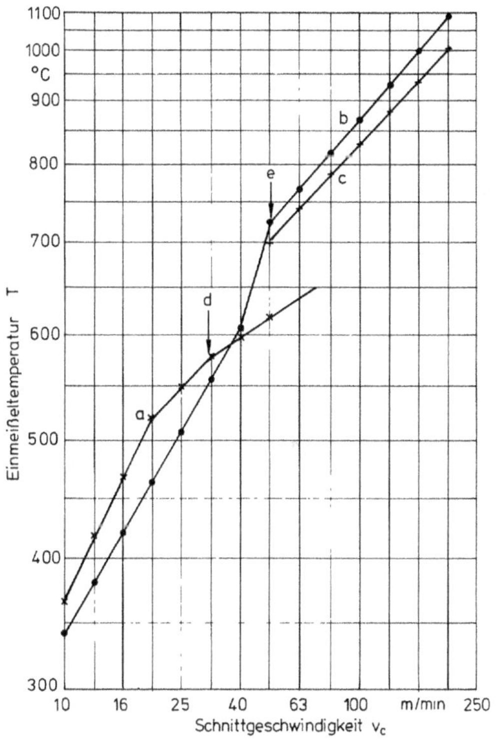

Bild 32. Zerspantemperatur beim Längsdrehen von Ck 53 N [46], ermittelt mit einem direkten thermo-elektrischen Meßverfahren (Einmeißelverfahren). *a* Schneidstoff Schnellarbeitsstahl S 12-1-4-5, *b* Hartmetall P10, *c* Hartmetall P30; *d*, *e* Ende der Aufbauschneidenbildung: Schneidengeometrie: Freiwinkel $\alpha = 6°$, Spanwinkel $\gamma = 6°$, Neigungswinkel $\lambda = 0°$, Einstellwinkel $\kappa = 70°$, Eckenwinkel $\varepsilon = 84°$, Eckenradius $r = 0{,}8$ mm, Spanungsquerschnitt $a_p \cdot f_c = 3$ mm $\cdot\, 0{,}25$ mm $= 0{,}75$ mm², Schnittzeit $t = 15$ s

Aufgabe 4

Für das Längsdrehen eines Ck 60-Stahls mit Oxidkeramik-Meißel ($\alpha/\gamma/\lambda = 6°/0°/-4°$) soll mit den Eingriffsgrößen $a_p \cdot f_c = 2$ mm $\cdot\, 0{,}2$ mm bei $\kappa = 45°$ und $v_c = 600$ m/min die Schnittkraft F_c und die am Meißel aufzubringende Schnittleistung P_c bestimmt werden.

Aus einer Tabelle können folgende Zerspankraftkennwerte entnommen werden: $k_{c\,1.1} = 2130$ N/mm²; $1 - c_c = 0{,}82$; ermittelt mit Hartmetall-Meißeln ($\alpha/\gamma/\lambda = 5°/6°/-4°$) bei $\kappa = 60°$ und $v_c = 120$ m/min. Die Vorschubleistung P_f ist wegen der geringen Vorschubgeschwindigkeit v_f vernachlässigbar.

Aufgabe 5

An einem Wendelbohrer aus Schnellarbeitsstahl wurde beim Bohren im Trockenschnitt festgestellt, daß er wegen Schneidkantenerweichung unbrauchbar geworden war.

Nennen Sie vier mögliche Abhilfemaßnahmen.

Die Lösungen dieser Aufgaben finden Sie in Abschnitt 6.

2.5 Werkzeugverschleiß

2.5.1 Verschleißursachen

Abhängig von den Eingangsgrößen des Zerspanungsvorgangs werden die Werkzeugschneiden einer spezifischen mechanischen und thermischen Belastung ausgesetzt (*Bild 33*). Diese außerordentlich hohe Beanspruchung führt zu einer Abnutzung des Werkzeugs an den Kontaktflächen von Werkzeug und Werkstück, dem Werkzeugverschleiß. Es ist zu beachten, daß der Werkzeugverschleiß das Ergebnis verschieden stark wirkender einzelner Verschleißme-

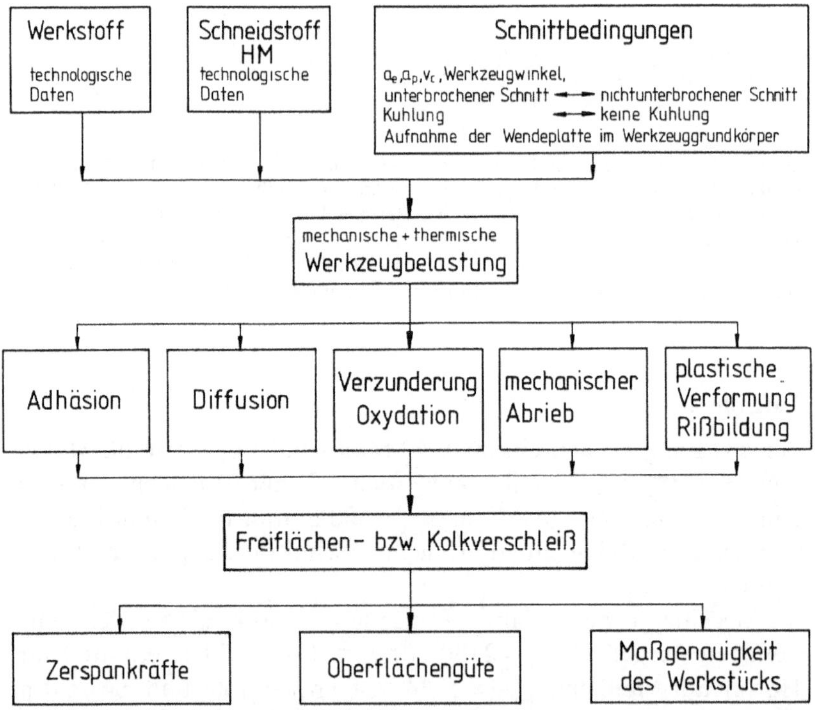

Bild 33. Schematische Darstellung der Einflußgrößen auf den Werkzeugverschleiß sowie der Auswirkungen des Werkzeugverschleißes auf den Zerspanungsvorgang

chanismen ist. Im allgemeinen führen die nachfolgend dargestellten fünf Verschleißmechanismen zum Gesamtverschleiß (*Bild 33*).

2.5.1.1 Adhäsionsverschleiß

Bei der Verschleißart Adhäsionsverschleiß kleben Werkstoffteilchen der frisch entstandenen und daher stark aktivierten Oberflächen (Spanunterseite, Werkstückoberfläche) auf der Span- und Freifläche fest. Diese Verschweißungen werden anschließend wieder getrennt, wobei die Scherstelle im Schneidstoff liegen kann, was Mikroausbröckelungen an den Kontaktflächen von Werkzeug und Werkstück zur Folge hat.

Dieser Mechanismus ist auch dann wirksam, wenn sich eine Aufbauschneide bildet und Teile davon abgeschert oder die gesamte Aufbauschneide abgerissen werden. Durch Erhöhen der Schnittgeschwindigkeit und damit der Kontaktzonentemperatur wird bei vielen Werkstoffen die Erweichungstemperatur überschritten, so daß die oben genannten Scherstellen ausschließlich in den Werkstück-Teilchen der Verschweißungen zu finden sind.

2.5.1.2 Diffusionsverschleiß

Bei Temperaturen in der Kontaktzone ab rd. 800 °C ist das Lösungsvermögen des Werkstoffs (Stahl) für Metalle und Karbide so groß, daß mit einem spürbaren Diffusionsverschleiß gerechnet werden muß, der sich in Form einer Auskolkung auf der Spanfläche bemerkbar macht. Wie *Bild 32* zeigt ist mit einer derartigen Temperatur an der Schneide ab einer Schnittgeschwindigkeit $v_c \geqq 80 \cdots 100$ m/min zu rechnen.

Die bei Diffusionsvorgängen zwischen Stahl und Hartmetall ablaufenden Phasengrenzflächenreaktionen sind sehr komplex [16]. Stark vereinfacht lassen sich folgende Reaktionen angeben:
- Diffusion von Eisen in die Kobaltphase,
- Diffusion von Kobalt in den Werkstückstoff mit der Folge der Auflösung des Bindemetallgefüges und
- Auflösung der Wolframkarbide unter Bildung von Mischkarbiden und unter Bildung einer eutektischen Phase mit niedrigem Schmelzpunkt.

2.5.1.3 Verschleiß durch Verzunderung (Oxydationsverschleiß)

Werden Teile der Hartmetallschneide, die durch den Zerspanungsvorgang auf Temperaturen $\geqq 800$ °C aufgeheizt werden, dem Luftsauerstoff ausgesetzt, so bilden sich am Rand der Kontaktzonen Zunderschichten. Es handelt sich hierbei um ein komplexes Wolfram-Kobalt-Eisen-Oxid, das nur eine geringe mechanische Festigkeit besitzt und deshalb sofort weggerieben wird, wenn es mit dem Werkstück oder dem Span in Berührung kommt.

Dieser Mechanismus führt auch zur Bildung der sogenannten Oxydationskerbe am Ende der Verschleißmarkenbreite der Hauptschneide (*Bild 34*). An dieser Stelle der Hauptschneide sowie am Ende des Nebenschneideneingriffs kann die Umgebungsatmosphäre an die heiße Schneide gelangen.

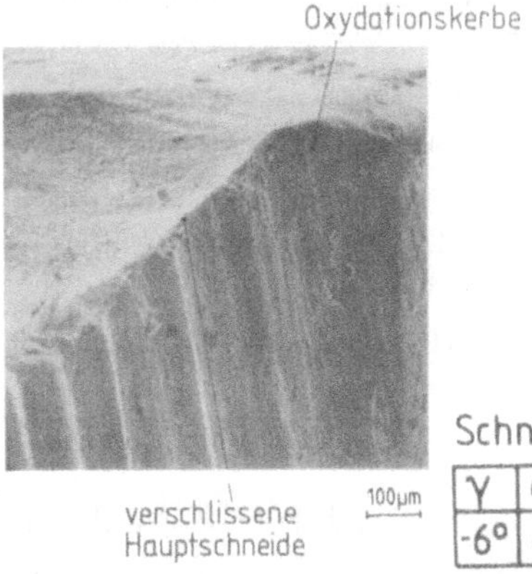

Schnittbedingungen:

Werkstoff: 41 Cr 4

Schneidstoff: HM P 25

Kühlmittel: ohne

v_c = 190 m/min

f_z = 0,25 mm

l_z = 8,0 m

Schneidkeilgeometrie:

γ	α	χ	χ_F	λ	ε	Fasen
-6°	6°	75°	60°/30°/0°	-6°	90°	1,4/0,8/1,4

Bild 34. Kolkauslauf sowie Oxydationskerbe an der Hauptschneide einer Hartmetall-Wendeschneidplatte beim Messerkopffräsen. v_c Schnittgeschwindigkeit, f_z Zahnvorschub, l_z Vorschub je Zahn, γ Spanwinkel, α Freiwinkel, χ Einstellwinkel, λ Neigungswinkel, ε Eckenwinkel

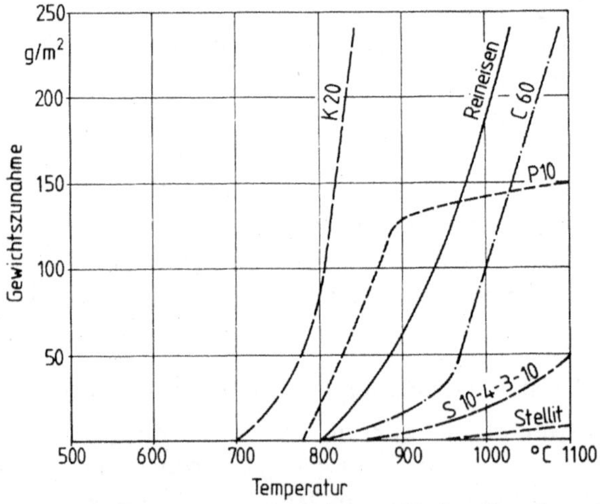

Bild 35. Gewichtszunahme verschiedener Werkstoffe aufgrund von Verzunderung beim Glühen in Umgebungsatmosphäre, Glühzeit 15 min [6]

Bei Werkzeug- und Schnellarbeitsstählen tritt bei der Zerspanung praktisch kein Verschleiß durch Verzunderung auf, da die Warmfestigkeit dieser Stähle überschritten wird, bevor eine spürbare Oxydation eintritt (*Bild 35*).

2.5.1.4 Verschleiß durch mechanischen Abrieb (Abrasionsverschleiß)

Unter mechanischem Abrieb versteht man das Abtragen von Schneidstoffteilchen, die sich unter dem Einfluß äußerer Kräfte lösen.

Abrasiver Verschleiß tritt bei der Zerspanung meist in Verbindung mit Adhäsions-, Diffusions- oder Oxydationsverschleiß auf. So wird beispielsweise bei der Zerspanung mit Schnittgeschwindigkeiten $v_c \geqq 150$ m/min auf der Spanfläche durch Diffusion das Bindemetallgerippe des Hartmetalls aufgelöst und die dann freiliegenden Karbide durch Abrasion aus dem Bindemetall herausgebrochen und vom Span weggetragen.

Auch abwandernde Aufbauschneiden-Schuppen, die meist sehr hart sind, führen zu erhöhtem Verschleiß, wenn sie unter hoher Reibung über die Frei- oder Spanfläche der Werkzeugschneide gleiten.

2.5.1.5 Schneidenbeschädigung durch plastische Deformation und Risse

Wird die Schneide eines Werkzeugs bei der Bearbeitung mit hohen Vorschüben durch große Zerspankräfte belastet, so kommt es je nach Verformungswiderstand der Schneidkante zu einer plastischen Deformation (geringer Verformungswiderstand, ausreichende Zä-

Schnittbedingungen:

Werkstoff: 41 Cr 4

Schneidstoff: HM P 25

Kühlmittel: ohne

v_c = 190 m/min l_z = 4,0 m

f_z = 0,25 mm

Schneidkeilgeometrie:

γ	α	$\varkappa$	$\varkappa_F$	λ	ε	Fasen
2°	9°	75°	45°/0°	8°	90°	0,8/1,4

Bild 36. Ausbrüche an der Haupt- und Nebenschneide einer Hartmetall-Wendeschneidplatte beim Messerkopffräsen

higkeit) oder zu Ausbrüchen der Schneide (hoher Verformungswiderstand, geringe Zähigkeit). *Bild 36* zeigt eine Hartmetall-Wendeschneidplatte, die beim Fräsen eines Vergütungsstahls bereits nach einem Vorschubweg je Zahn von $l_z = 4{,}0$ m wegen der Ausbrüche an der Haupt- und Nebenschneide durch mechanische und thermische Überlastung erlag.

Bei Bearbeitungsverfahren mit unterbrochenem Schnitt (z.B. beim Fräsen) ist der Schneidstoff mechanischen und thermischen Wechselbeanspruchungen ausgesetzt, die zu erheblichen Spannungsgradienten in den oberflächennahen Schichten des Werkzeugs führen [17]. Während die mechanische Wechselbelastung zu sogenannten Querrissen führt, die auf der Span- und Freifläche auftreten können, führt die thermische Wechselbelastung zu sogenannten Kammrissen auf der Spanfläche (*Bild 37*).

Im *Bild 37a* ist die tatsächliche Lage zweier Kammrisse einer Hartmetall-Wendeschneidplatte dargestellt, die beim Messerkopffräsen verwendet wurde. Die Platte zeigte nach einem Vorschubweg je Zahn $l_z = 4{,}0$ m bereits 19 Kammrisse, die die Schneidkante so

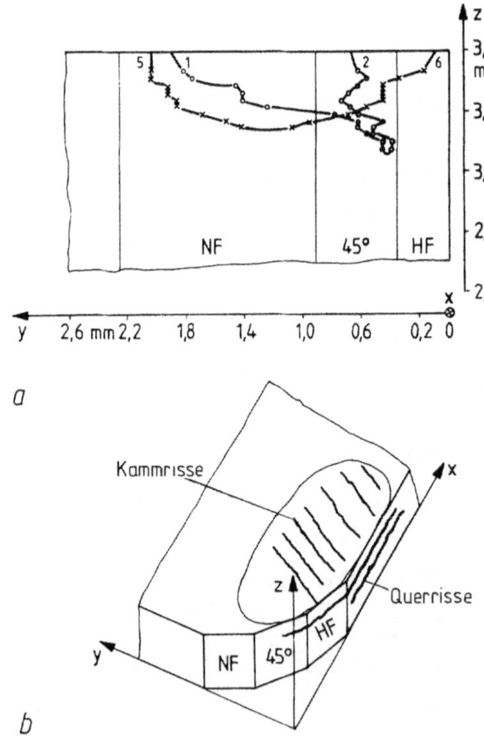

Bild 37a u. b. Lage und Ausdehnung von Rissen in Hartmetall-Wendeschneidplatten.
HF Hauptschneidenfase,
NF Nebenschneidenfase,
a Ausdehnung der Kammrisse im Inneren der Wendeschneidplatte; *b* Schematische Darstellung der Lage der Kamm- und Querrisse

schwächten, daß ein Ausbruch an der Hauptschneide eintrat, der zum Standzeitende führte. Die Platte wurde anschließend parallel zur Spanfläche abgeschliffen und die Lage der Risse mit dem Mikroskop vermessen.

Aufgrund dieser Untersuchungen kann über die Lage der Kammrisse beim Fräsen folgendes ausgesagt werden:

- Die Kammrisse verlaufen senkrecht zur Richtung der Hauptschneidenfase.
- Die tiefsten Punkte der Risse liegen in der Mehrzahl der Fälle im Inneren der Schneidplatte.
- Die Kammrisse in der Schneidenecke sind wesentlich tiefer als die im Bereich der Hauptschneide.

Der Einfluß der beschriebenen Verschleißmechanismen auf den Gesamtverschleiß ist stark temperaturabhängig. Eine vereinfachte Darstellung dieses Zusammenhangs zeigt *Bild 38*.

Während die Wirkung des Adhäsionsverschleißes mit steigender Temperatur abnimmt, benötigen Diffusions- und Oxydationsverschleiß eine bestimmte Aktivierungsenergie zur Auslösung der tribochemischen Vorgänge. Mit steigender Temperatur nimmt dann der Diffusionsverschleiß exponentiell zu.

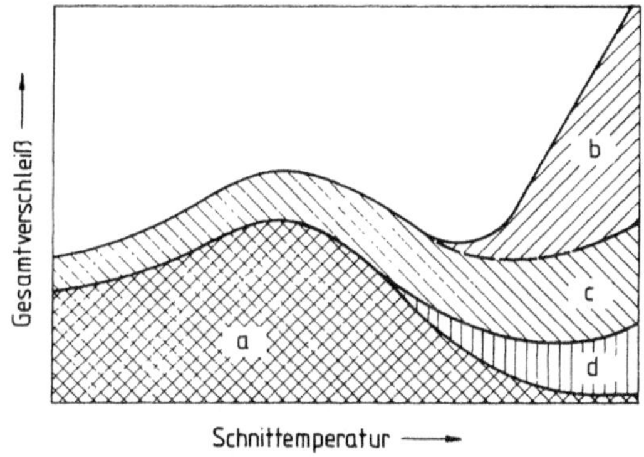

Bild 38. Anteile der einzelnen Verschleißmechanismen am Gesamtverschleiß (nach Vieregge [6]). *a* Adhäsionsverschleiß, *b* Diffusionsverschleiß, *c* Verschleiß durch mechanischen Abrieb, *d* Verschleiß durch Verzunderung

2.5.2 Verschleißmessung

Bild 39 zeigt die beim Drehen oder Fräsen auftretenden Verschleißerscheinungen der Span- und Freifläche. Der Freiflächenverschleiß, gekennzeichnet durch die Verschleißmarkenbreite VB, tritt an Haupt- und Nebenschneide sowie an den Stabilisierungsfasen des Werkzeugs auf. Das Bild stellt eine Vorschrift zur Messung des Verschleißes für Zerspanungsuntersuchungen in großem Rahmen beim Fräsen dar. Für die Durchführung von Verschleißmessungen in der industriellen Praxis genügt meist das Messen des größten Verschleißes der Nebenschneide bzw. der Nebenschneidenfase VB_{NF} sowie des Verschleißes der Hauptschneide am Übergang von Hauptschneide zu Haupschneidenfase VB_{HF} bzw. von Hauptschneide zum Eckenradius. Die im *Bild 39* dargestellte Meßvorschrift stimmt größtenteils mit den in der ISO-Arbeitsgruppe TC 29/WG erarbeiteten Empfehlungen überein [18].

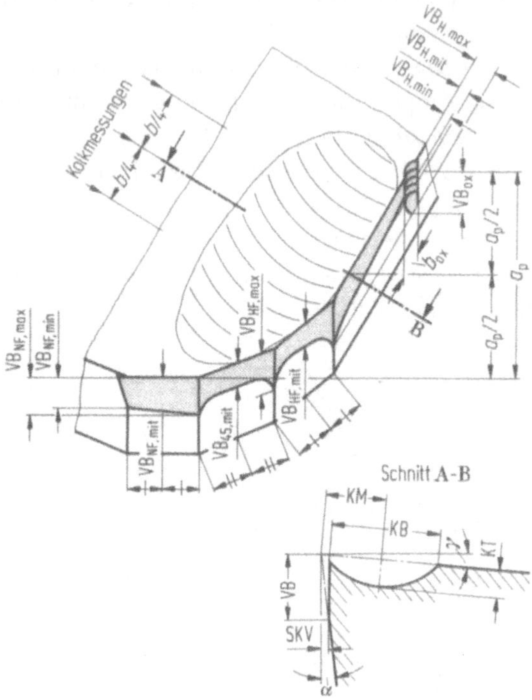

Bild 39. Schematische Darstellung des Span- und Freiflächenverschleißes sowie der Verschleißmeßgrößen [15]. *VB* Verschleißmarkenbreite, a_p Schnittiefe, *b* Spannungsbreite *KM* Kolkmitte, *KB* Kolkbreite, *KT* Kolktiefe, *SKV* Schneidkantenversatz, α Freiwinkel, γ Spanwinkel

Zur Messung des Kolkverschleißes genügt ein Tastschnitt, der zweckmäßigerweise in Höhe von b/2 zu legen ist. Für weitergehende Verschleißuntersuchungen müssen zur Charakterisierung des Kolkwachstums mehrere Tastschnittebenen gelegt werden.

Die zur Verschleißmessung benötigten Geräte sind für den

- *Freiflächenverschleiß:* Werkstattmikroskop (Vergrößerung 20···50) und Meßmikroskop,
- *Kolkverschleiß:* Tastschnittgeräte Perth-O-Meter und Leitz-Forster-Gerät,
- *Schneidkantenrundung:* Leitz-Forster-Gerät.

Zur genaueren Analyse des Verschleißwachstums werden bei Laboruntersuchungen auch das Rasterelektronenmikroskop [19] sowie die Röntgenmikrosonde [20] benutzt. Zur Überwachung und Regelung des Zerspanungsvorgangs zum Beispiel durch Optimierregelungen (ACO) [21, 22] wurden und werden Verschleißsensoren zur stetigen und intermittierenden Freiflächenverschleiß-Messung entwickelt. Eine ausführliche Darstellung der hierbei anwendbaren Meßverfahren gibt *Kamm* [15].

2.5.3 Verfahren zur Bestimmung des Verschleißverhaltens

2.5.3.1 Langzeitversuche

Bei den Langzeitversuchen wird ein Werkstoff mit bestimmten Schnittbedingungen zerspant. Nach definierten Vorschubwegintervallen wird der Bearbeitungsvorgang unterbrochen und Verschleißmessungen durchgeführt. Dieser Zyklus wird solange fortgesetzt, bis das Standzeitende des Werkzeugs erreicht ist. Erst jetzt wird eine der möglichen Einflußgrößen variiert und der Versuchszyklus erneut bis zum Standzeitende durchgeführt.

Eine derartige Versuchsführung ist zwar für Laboruntersuchungen unerläßlich, für die Anwendung in der industriellen Praxis aber viel zu zeit- und damit kostenintensiv. So muß beispielsweise für die im *Bild 40* dargestellten Ergebnisse mit einer reinen Versuchs- und Meßzeit von 90 h gerechnet werden.

2.5.3.2 Kurzprüfverfahren

Aus den oben genannten Gründen wurden deshalb zahlreiche Versuche unternommen, um mit Hilfe sogenannter Kurzprüfverfahren zuverlässige Aussagen über das Standzeitverhalten bestimmter Werkstoff-Schneidstoff-Kombinationen machen zu können. Auf der Suche nach geeigneten Kurzprüfverfahren wurden bisher hauptsächlich drei Wege beschritten:

1. Zerspanung unter betriebsüblichen Schnittbedingungen mit anschließender Extrapolation auf höhere Standzeiten.

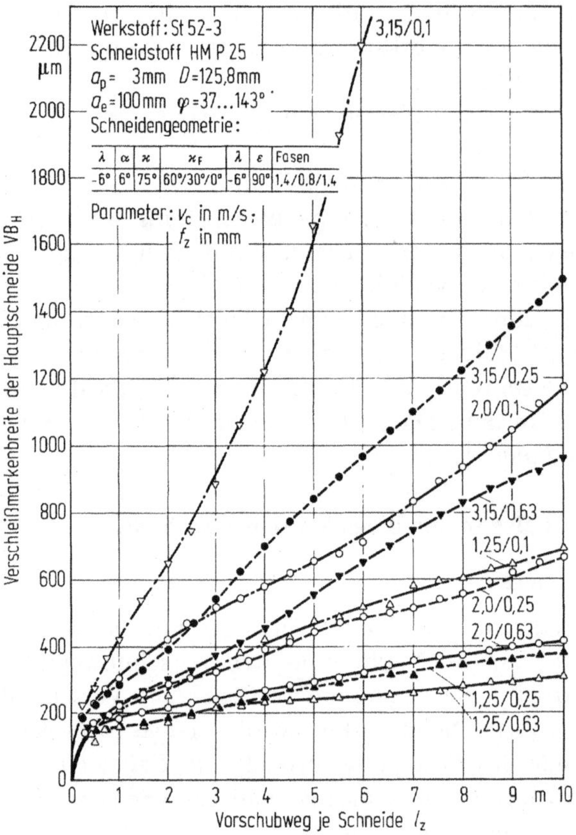

Bild 40. Freiflächenverschleiß der Hauptschneide in Abhängigkeit vom Vorschubweg/Schneide beim Messerkopffräsen. a_p Schnittiefe, a_e Eingriffsbreite, D Flugkreisdurchmesser des Fräsers, φ Eingriffswinkel, v_c Schnittgeschwindigkeit, f_z Vorschub je Zahn

2. Zerspanung unter verschärften Schnittbedingungen. Hierzu gehören:
   – Schnittgeschwindigkeits-Steigerungs-Verfahren nach Stahl-Eisen-Prüfblatt 1166-69,
   – Standwegversuch,
   – Plandrehversuch.
3. Ableitung von Zusammenhängen zwischen dem Verschleiß und einzelnen seiner Einflußgrößen.

Diese bis heute bekannten Kurzprüfverfahren zeichnen sich durch folgende Gemeinsamkeiten aus:

1. Es wird versucht, einen Zusammenhang zwischen dem Verschleiß

und einzelnen seiner Einflußgrößen wie Schnittkraft, Temperatur und Kolkwinkel zu finden.

2. Die Abhängigkeit einer geeigneten Einflußgröße von der Bearbeitungszeit wird in einem Kurzversuch ermittelt und bis zum Standzeitende extrapoliert.

Es erscheint einerseits unmöglich, aufgrund der Veränderung nur einer dieser Einflußgrößen einen derartig komplexen Vorgang, wie ihn der Verschleiß einer Werkzeugschneide darstellt, mit hinreichender Genauigkeit zu beschreiben. Wird andererseits von Extrapolationsmethoden eine bestimmte Genauigkeit verlangt, so muß ein entsprechender Versuchsaufwand, z.B. bestimmte Anzahl von Stützstellen, in Kauf genommen werden. Dauer und Kosten eines derartigen Kurzprüfverfahrens erhöhen sich ziemlich schnell, so daß dann kaum noch von einem „Kurzprüfverfahren" gesprochen werden kann.

Kurzprüfverfahren, bei denen mit verschärften Schnittbedingungen zerspant wird, schneiden zwar in bezug auf Versuchsdauer und -kosten wesentlich besser ab, der entscheidende Nachteil dieser Verfahren besteht allerdings darin, daß beim Kurzprüfverfahren gänzlich andere Verschleißmechanismen standzeitbestimmend sind als beim Langzeitversuch.

Kennwerte aus Kurzprüfverfahren lassen daher keinen direkten Schluß auf die Standzeit eines Werkzeugs zu. Anwendungsgebiete derartiger Verfahren sind die Eingangskontrollen von Halbzeugen und Schneidstoffen sowie die Überwachung der Zerspanbarkeit.

2.5.4 Verschleißdokumentation

Als Basis der Verschleißaufzeichnung hat sich in der Praxis durchgesetzt

- das zerspante Volumen/Schneide V_z,
- der Vorschubweg/Schneide l_z und
- die Schnittzeit/Schneide t_z.

Nach *Siebel* [23] ist allerdings die Darstellung der Verschleißkenngrößen nur über der Zeit unzweckmäßig, da sie die Verbesserungen, die durch die Anwendung größerer Vorschübe möglich werden, nicht klar erkennen läßt. Trägt man die an der Haupt- und Nebenschneide gemessenen Verschleißmarkenbreiten über dem Vorschubweg/Schneide l_z auf, dann erhält man einen mehr oder weniger stark ausgeprägten s-förmigen Kurvenverlauf (*Bild 40*). Charakteristisch ist bei dieser Darstellung der bei konstanter Schnittgeschwindigkeit und wachsendem Vorschub abnehmende Verschleiß. Eine Erklärung für diese Tatsache ist sicherlich die bei höheren Vorschüben geringere Schnittzahl $i=l_z/f_z$ bei konstantem l_z.

Da die an der Freifläche wirkenden Kräfte im untersuchten Spanungsdickenbereich nur wenig von der Spanungsdicke beeinflußt werden können, muß demnach bei konstanter Schnittgeschwindigkeit der Freiflächenverschleiß lediglich eine Funktion des effektiv zurückgelegten Reibwegs sein. Durchgeführte Untersuchungen an Messerkopffräsern [24] bestätigten diese Vermutung.

Aus der im *Bild 40* gezeigten Darstellung des Verschleißverlaufs läßt sich bei vorgegebenem Standzeitkriterium die zur Optimierung der Schnittbedingungen besser geeignete Darstellung im Standzeit-Schnittgeschwindigkeits-Diagramm entwickeln (*Bild 41*). Der gestrichelt gezeichnete Kurvenverlauf läßt sich bei einigen spanenden Fertigungsverfahren (z. B. beim Drehen) in einem engen Schnittgeschwindigkeits-Bereich v_c recht gut durch die sogenannte Taylor-Gerade annähern. Diese recht einfach zu handhabende Standzeitbeziehung besitzt allerdings keine allgemeine Gültigkeit. So erhält man z. B. beim Fräsen Standzeitbeziehungen, die sich nur in Ausnahmefällen mit Taylor annähern lassen.

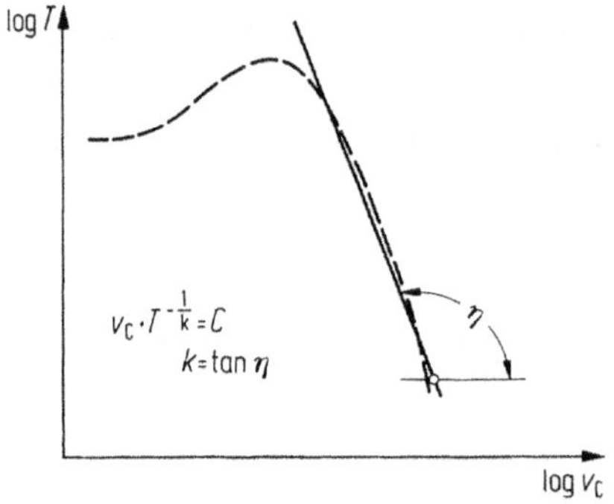

Bild 41. Allgemeine Form der Standzeitkurve und Annäherung durch die sogenannte „Taylor-Gerade". v_c Schnittgeschwindigkeit, T Standzeit, C Konstante, k Steigerung der Taylor-Geraden, η Steigungswinkel

Aufgabe 6

1. Leiten Sie eine Beziehung her, die es Ihnen gestattet, bei vorgegebenem Standzeitkriterium aus *Bild 40* die den jeweiligen Schnittbedingungen entsprechende Standzeit beim Fräsen zu berechnen.

2. Das Standzeitende sei bei einer Verschleißmarkenbreite der Hauptschneide $VB_H = 300$ µm erreicht. Zeichnen Sie die sich so ergebenden Standzeiten in ein Standzeit-Schnittgeschwindigkeits-Diagramm ein.
3. Es sollen prismatische Werkstücke der Länge $L = 500$ mm und der Breite $B = 100$ mm mit einem Messerkopf ($D = 125{,}8$ mm; $z = 8$) plangefräst werden. Ermitteln sie mit den im *Bild 40* angegebenen Schnittbedingungen die Anzahl der bearbeitbaren Werkstücke, wenn das unter Punkt 2 angegebene Standzeitkriterium gilt.

Die Lösung dieser Aufgabe finden Sie in Abschnitt 6.

3 Schneidstoffe

Seit der erstmaligen Herstellung und Anwendung von Schnellarbeitsstahl durch *F.W. Taylor* im Jahre 1898 hat die Entwicklung immer leistungsfähigerer Schneidstoffe für die Zerspanung den Werkzeugmaschinenbau und die gesamte Fertigungstechnik entscheidend beeinflußt *(Bild 4)*. Die Art der Beanspruchung der Schneidstoffe ist sehr vielfältig und führt dementsprechend zu einer großen Zahl von geforderten Eigenschaften *(Bild 42)*.

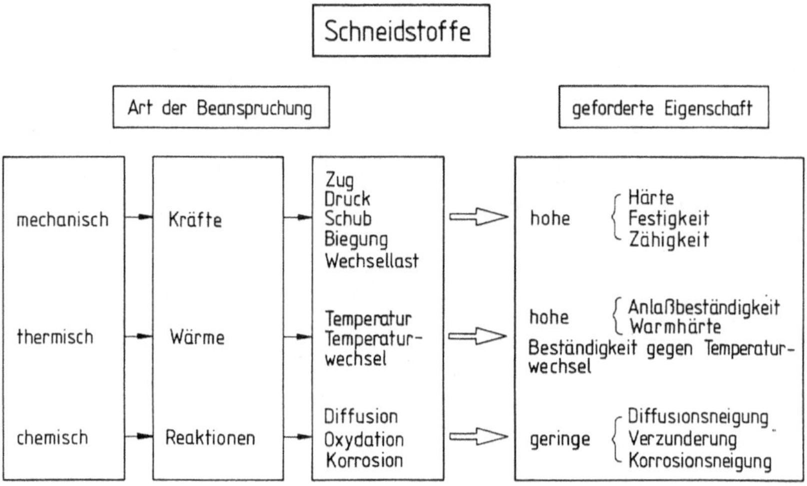

Bild 42. Beanspruchung und geforderte Eigenschaften bei Schneidstoffen für die Zerspanung

Die Anforderungen, z.B. größte Härte bei größter Zähigkeit, sind teilweise gegensätzlich und bei der Schneidstoffherstellung nicht gleichzeitig zu verwirklichen. Deshalb muß bei der Herstellung und dann auch bei der Auswahl eines bestimmten Schneidstoffs ein Kompromiß geschlossen werden, der die Anforderungen des jeweiligen Anwendungsfalles berücksichtigt.

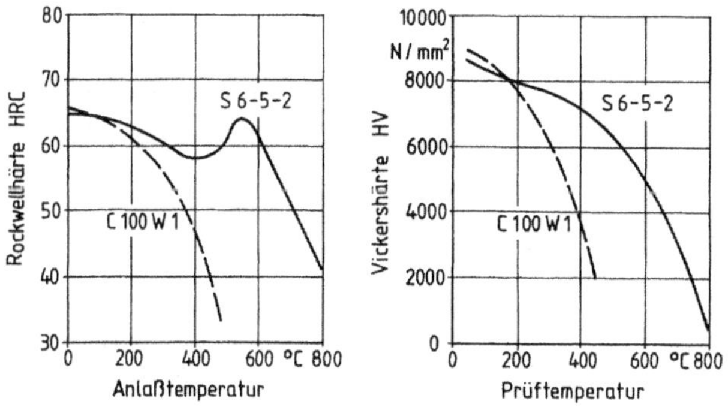

Bild 43. Anlaßverhalten und Warmhärte von Werkzeugstahl C 100 W 1 und Schnellarbeitsstahl S 6-5-2 [27]

3.1 Werkzeugstähle

Die Anwendung von Werkzeugstählen in der Zerspanung reicht zurück bis in die Anfänge der industriellen Fertigung. Sie erhalten ihre Härte vorwiegend durch Martensitbildung, d.h. durch Abschrecken aus dem Austenitgebiet. Anschließend werden sie zur Erhöhung der Zähigkeit angelassen. Die *unlegierten Werkzeugstähle* [25] erfordern eine hohe Abkühlgeschwindigkeit, weshalb sie meist nicht durchhärten. Durch Zugabe von Legierungselementen wie Chrom, Mangan, Nickel und Molybdän kann die kritische Abkühlgeschwindigkeit vermindert werden. Da die Verschleißbeanspruchung von Werkzeugstählen vorwiegend durch mechanischen Abrieb geschieht, ist man bestrebt, eine möglichst hohe Härte zu erzielen. Dies kann einerseits erreicht werden durch Verwenden von Stählen mit hohem Gehalt an Kohlenstoff, der bei der Abkühlung teilweise als Eisencarbid ausgeschieden wird. Durch Zugabe von Legierungselementen (Chrom, Wolfram, Molybdän, Vanadin) kann dieses Eisencarbid in andere Carbidsorten mit höherer Härte und günstigerer Verteilung überführt werden [26]. Für die Zerspanung von Metallen haben die Werkzeugstähle keine sehr große Bedeutung mehr. Unlegiert sind sie im allgemeinen nur bis zu Temperaturen von etwa 200 °C ausnutzbar und verlieren bei höheren Temperaturen sehr schnell an Härte *(Bild 43)*. Auch *legierte Werkzeugstähle* werden trotz höherer Anlaßbeständigkeit vorwiegend bei niedrigen Temperaturen verwendet und als *Kaltarbeitsstähle* [28] bezeichnet.

Für spanende Werkzeuge werden Werkzeugstähle außer in der Holz- und Kunststoffbearbeitung zur Metallzerspanung vorwiegend für Handwerkzeuge und Sägen gebraucht.

3.2 Schnellarbeitsstähle

Schnellarbeitsstähle besitzen gegenüber Werkzeugstählen mit rd. 600 °C eine wesentlich höhere Anlaßbeständigkeit und eine höhere Warmhärte *(Bild 43)*. Gegenüber den noch temperaturbeständigeren Schneidstoffen wie Hartmetall und Schneidkeramik weisen sie folgende *Vorteile* auf:

- Hohe Zähigkeit und Kantenfestigkeit, dadurch besonders gut zu verwenden für den Bereich der Aufbauschneidenbildung sowie bei schwieriger Schneidengeometrie und für unterbrochenen Schnitt.
- Im weichgeglühten Zustand zerspanbar und gehärtet gut schleifbar, dadurch vorteilhaft zu nutzen für schwierig geformte Werkzeuge wie Wendel- und Gewindebohrer, Räumwerkzeuge und Fräswerkzeuge.
- Kostengünstig herstellbar, weshalb die Werkzeuge meist vollständig aus Schnellarbeitsstahl gefertigt werden.

In ihrem Aufbau sind Schnellarbeitsstähle hochlegierte Edelstähle auf der Grundlage von Chrom, Molybdän, Wolfram und Vanadin. Chrom bildet lösliche Karbide und verbessert dadurch die Härtbarkeit. Durch Zulegieren von Molybdän, Wolfram und Vanadin wird, wenn sie im gelösten Zustand vorliegen, die Anlaßbeständigkeit und Warmhärte erhöht, während sie im festen Zustand nicht lösliche Karbide bilden und so eine wesentliche Härtesteigerung bewirken. Wird Kobalt zulegiert, löst es sich in der Grundmasse und führt zu einer verbesserten Warmhärte und Anlaßbeständigkeit. Durch vermehrten Kohlenstoffanteil werden der Karbidgehalt und die Härte erhöht [27]. Die Schnellarbeitsstähle werden bezeichnet nach dem Stahl-Eisen-Werkstoffblatt 320–69 [29] bzw. DIN 17350 [30] durch den Buchstaben S und die nachfolgende gerundete Angabe der Legierungsbestandteile in Gewichtsprozenten in der Reihenfolge Wolfram-Molybdän-Vanadin-Kobalt. *Beispiel:* S 12-1-4-5. Ein zusätzlicher Buchstabe C zeigt einen gegenüber der Grundsorte erhöhten Kohlenstoffgehalt an. *Beispiel:* SC-6-5-2.

Der Chromgehalt beträgt meist etwa 4%. Die Elemente Wolfram und Molybdän bestimmen im wesentlichen die Leistungseigenschaften des Schnellarbeitsstahls, wodurch eine Einteilung der einzelnen Sorten nach diesen Legierungsbestandteilen in einzelne Leistungsgruppen möglich ist [27] *(Tabelle 2)*.

Tabelle 2. Legierungs- und Leistungsgruppen der Schnellarbeitsstähle für einige beispielhafte Stahlsorten [31]. W Wolfram, Mo Molybdän

Legierungs-gruppe %W-Mo	Stahlsorten Beispiel	Zur Bearbeitung von Stahl		
		mittlerer Bean-spruchung	höchster Beanspruchung	
			Schruppen	Schlichten
18-0	S 18-0-1	×	–	–
	S 18-1-2-10		× ×	–
12-1	S 12-1-4-5		(×)	× ×
	S 10-4-3-10		× ×	× ×
6-5	S 6-5-2	× ×	–	–
	S 6-5-2-5		× ×	–
	S 6-5-3		–	×
2-9	S 2-9-1	×	–	–
	S 2-9-2-8		× ×	×

Herkömmlich hergestellte Schnellarbeitsstähle haben den Nachteil, daß sie während der Erstarrungsphase zu Seigerungen neigen, die bei großen Gußblöcken und hochlegierten Stählen besonders ausgeprägt sind. Dadurch sind Standzeitstreuungen beim Werkzeugeinsatz bedingt [31].

Wesentliche Verbesserungen wurden durch Umschmelzverfahren wie das Elektroschlacke-Umschmelzen erreicht. Eine vollkommen gleichmäßige Karbidverteilung ist durch die pulvermetallurgische Herstellung von Schnellarbeitsstahl möglich. Die so hergestellten Stähle weisen besondere Vorteile gegenüber herkömmlich hergestellten Stählen gleicher Zusammensetzung auf [32]:
– geringere Maß- und Formänderung beim Härten sowie
– bessere Schleifbarkeit bei erhöhter Zähigkeit.

3.3 Stellite

Anfang des 20. Jahrhunderts wurden in den USA gegossene Hartlegierungen als Schneidstoffe unter der Bezeichnung *Stellit* auf den Markt gebracht. Dies sind eisenfreie Legierungen aus rd. 45···50% Kobalt und den Karbidbildnern Wolfram (15···20%) und Chrom (25···30%) [31]. Eine Wärmebehandlung dieser Schneidstoffe ist nicht nötig. Sie sind sehr spröde und haben unterhalb von etwa 600 °C eine geringere Warmhärte als die Schnellarbeitsstähle. Bei höheren Temperaturen haben sie eine größere Warmhärte, die jedoch bei hohen Schnittgeschwindigkeiten nicht mehr ausreicht. Für solche Anwendungen eignet sich Hartmetall wesentlich besser, weshalb Stellite in der Praxis kaum an Bedeutung gewonnen haben.

3.4 Hartmetalle

3.4.1 Entwicklung der Hartmetalle

Bei den auf pulvermetallurgischem Weg hergestellten Hartmetallen (HM), die als Schneidstoff in der Zerspanung verwendet werden, handelt es sich im einfachsten Fall um ein Dreistoffsystem, bestehend aus Wolfram (W), Kohlenstoff (C) und Kobalt (Co).

Wolfram und Kohlenstoff bilden im vorliegenden Fall den sogenannten Härteträger, das Wolframkarbid (WC), während die metallische Phase, im vorliegenden Fall Kobalt, als Bindemetall bezeichnet wird und für die Zähigkeit des Schneidstoffs verantwortlich ist. Bei den meisten der heute für Zerspanwerkzeuge gebrauchten Hartmetall-Sorten werden neben dem Wolframkarbid noch andere Metallkarbide als Härteträger benutzt. Die Entwicklung pulvermetallurgisch hergestellter Hartmetalle begann etwa im Jahr 1914, als *H. Voigtländer* und *H. Lohmann* vorschlugen, Ziehsteine aus Wolframkarbidpulver durch Pressen mit anschließendem Sintern herzustellen. Die ersten aus diesen Karbiden hergestellten Sinterkörper waren jedoch ähnlich spröde wie das schmelzmetallurgisch hergestellte Wolframkarbid und allein schon deswegen für eine Verwendung als Schneidstoff bei der Zerspanung absolut ungeeignet.

Einen bedeutenden Fortschritt in der Entwicklung der Sinterhartmetalle brachten die Vorschläge von *G. Fuchs* und *A. Kopietz* aus den Jahren 1917 bis 1918, etwa 10% Metalle aus der Eisengruppe zur besseren Bindung hinzuzulegieren. Schließlich gelang *K. Schröter* 1922 der entscheidende Schritt auf dem Weg zu den heutigen Hartmetallen, indem er 20% Metalle der Eisengruppe, insbesondere Kobalt, dem Wolframkarbid zumischte, aus dieser Pulvermischung dann Formkörper preßte und diese dann so hochsinterte, daß aus dem Bindemetall eine flüssige Phase entstand. Die so hergestellten Hartmetalle besitzen zwar nicht mehr die Härte der reinen Hartstoffe, sie besitzen jedoch im Vergleich zu den Hartstoffen eine wesentlich größere Zähigkeit, die sich in einer bedeutend höheren Biegebruchfestigkeit äußert.

Eine wirtschaftliche Nutzung dieses Schneidstoffs war jedoch erst durch die Entwicklung geeigneter Werkzeugmaschinen möglich, die in folgenden Punkten an die Gegebenheiten dieses Schneidstoffs angepaßt werden mußten:
– hohe installierte Spindelantriebsleistung,
– schwingungsarmer Antrieb,
– hohe statische und dynamische Steifigkeit des Gestells.

3.4.2 Herstellung und Zusammensetzung von Hartmetall-Schneidstoffen

Die Herstellung des Hartmetalls soll im folgenden beispielhaft an einer WC-Co-Legierung erläutert werden.
– *Herstellung des Wolframkarbid-Pulvers:* Reduktion von Wolframsäure WO_3 zu Wolframpulver. Reaktion des Wolframpulvers mit Graphit unter Schutzgasatmosphäre bei Temperaturen um 1 500 °C zu WC. Zerkleinern und Sieben des Wolframkarbids.
– *Herstellung des Kobaltpulvers:* Reduktion des Kobaltoxids in Wasserstoffatmosphäre bei Temperaturen um 700 °C zu metallischem Kobalt.
– *Herstellung der Hartmetall-Pulvermischung:* Wolframkarbid- und Kobaltpulver werden in Kugel- oder Schwingmühlen gemischt und naß gemahlen. Neben dem Ziel, eine bestimmte Korngröße zu erreichen, soll hiermit das Kobalt möglichst gleichmäßig an die harten Karbidteilchen angelagert werden. Anschließend wird die Hartmetall-Pulvermischung getrocknet.
– *Preß- und Sintervorgang:* Der Preß- und Sintervorgang ist auf verschiedene Arten durchführbar. Sie können die Eigenschaften des Endprodukts beeinflussen:
  a. Formpressen und Sintern,
  b. Pressen, Vorsintern, mechanische Formgebung, Fertigsintern,
  c. Strangpressen und Sintern,
  d. Heißpressen.

Die Vorgänge bei der Hartmetallherstellung können und sollen im Rahmen dieses Buchs nicht ausführlicher behandelt werden. Eine genauere Darstellung der Vorgänge bei der Pulverherstellung, beim Pressen und vor allem beim Sintern geben *Eisenkolb* [33] sowie *Kieffer* und *Benesovsky* [34].

Tabelle 3. Zusammensetzung und Eigenschaften von Hartmetallen der verschiedenen Zerspanungs-Anwendungsgruppen [31]

Zerspanungs-Anwendungs-gruppe nach ISO	In Pfeilrichtung zunehmend	*Zusammensetzung* WC %	TiC + TaC %	Co %	Vickershärte HV 30	Biegefestigkeit N/mm²	Druckfestigkeit N/mm²	Elastizitätsmodul N/mm²	Wärmedehnung µm/m grd
P 02	Verschleißverhalten u. Härte (Schnittgeschwindigkeit) ↑; Zähigkeit (Vorschub) ↓	33	59	8	16500	800	5100	440000	7,5
P 03		32	56	12	15000	1000	5250	430000	8
P 04		62	33	5	17000	1000	5250	500000	7
P 10		55	36	9	16000	1300	5200	530000	6,5
P 15		71	20	9	15000	1400	5100	530000	6,5
P 20		76	14	10	15000	1500	5000	540000	6
P 25		70	20	10	14500	1750	4900	550000	5,5
P 30		82	8	10	14500	1800	4800	560000	5,5
P 40		74	12	14	13500	1900	4600	560000	5,5
M 10		84	10	6	17000	1350	6000	580000	5,5
M 15		81	12	7	15500	1550	5500	570000	5,5
M 20		82	10	8	15500	1650	5000	560000	5,5
M 40		79	6	15	13500	2100	4400	540000	5,5
K 03		92	4	4	18000	1200	6200	630000	5
K 05		92	2	6	17500	1350	6000	630000	5
K 10		92	2	6	16500	1500	5800	630000	5
K 20		92	2	6	15500	1700	5500	620000	5
K 30		93		7	14000	2000	4600	600000	5,5
K 40		88		12	13000	2200	4500	580000	5,5

Neben dem Bindemetall Co und dem Härteträger WC besitzen die meisten für die Zerspannung verwendeten Hartmetalle noch TiC- und TaC-Komponenten *(Tabelle 3)*.

Wolframkarbid ist in Kobalt löslich; daraus ergibt sich die hohe innere Binde- und Kantenfestigkeit der reinen WC-Co-Hartmetalle. Auf der anderen Seite begrenzt die hohe Lösungs- und Diffusionsfreudigkeit bei höheren Temperaturen die Schnittgeschwindigkeit.

Titankarbid (TiC) erhöht die Härte, den Verschleißwiderstand sowie die Warmfestigkeit des Hartmetalls, erniedrigt aber die Zähigkeit und Zugfestigkeit. Die Erhöhung der Hochtemperaturfestigkeit durch Zulegieren von TiC beruht darauf, daß Titan bei hohen Temperaturen, wie sie in der Kontaktzone von Werkzeug und Werkstück auftreten, zu dem sehr beständigen Titandioxid oxydiert. Dadurch entsteht eine Oberflächenschicht, die eine Reaktion des Hartmetalls mit dem ablaufenden Span verhindert.

Tantalkarbid (TaC) wirkt in kleinen Mengen kornverfeinernd. Dies hat eine Erhöhung der Zähigkeit sowie eine Verbesserung der Kantenfestigkeit zur Folge.

3.4.3 Beschichtete Hartmetalle

Von einem Schneidstoff werden eine hohe Verschleißfestigkeit bei gleichzeitig hoher Zähigkeit erwartet. Diese Forderungen sind gegensätzlicher Natur und lassen sich meist durch eine einzige Hartmetallsorte nicht erfüllen.

Bei den beschichteten Hartmetallen können diese Forderungen dadurch erfüllt werden, daß man eine Beanspruchungsteilung vorsieht: Man überzieht einen zähen Hartmetallgrundkörper mit einer oder mehreren verschleißfesten Schichten. Als Werkstoff für den Hartmetallgrundkörper kommen je nach Hersteller P 20-, P 40- oder M 10-Sorten oder besonders für diesen Zweck entwickelte Hartmetalle in Frage. Als Beschichtungswerkstoff für einlagig oder mehrlagig beschichtete Hartmetalle hat sich Titankarbid, Titannitrid, Titankarbonitrid sowie Keramik durchgesetzt. Für das Aufbringen der Beschichtung auf das Grundmaterial werden verschiedene Verfahren angewendet. Das gebräuchlichste Verfahren ist hierbei das sogenannte CVD (Chemical Vapor-Deposition)-Verfahren, bei dem die Hartstoffschicht aus der Gasphase bei rund 1000° C auf den Grundwerkstoff abgeschieden wird. Weiterhin ist das Beschichten von Hartmetallen noch durch Kathodenzerstäubung und durch Glimmentladung möglich [35].

Die Entwicklung beschichteter Hartmetallsorten kann in drei Phasen eingeteilt werden:

1. Im Jahr 1969 erschienen die ersten einlagig beschichteten Hartmetall-Sorten auf dem Markt. Sie waren gekennzeichnet durch eine Titankarbidbeschichtung und durch eine Versprödungsphase (η-Phase) im Übergangsbereich vom Basishartmetall zur TiC-Schicht. Bei ungeeigneter Ofenführung wird bei der Beschichtung dem Basishartmetall an der Oberfläche Kohlenstoff entzogen, es kommt so zu einer außerordentlich spröden Unterkohlungsschicht (η-Phase), die die außergewöhnliche Schlagempfindlichkeit derartiger Platten bewirkt. Die Dicke der TiC-Schicht derartiger Hartmetall-Platten beträgt rd. 4 ... 6 μm.
2. Einlagige Titankarbid- oder Titannitridschichten ohne spröde Zwischenphasen.
3. Vereinigung der Vorteile der einzelnen Beschichtungswerkstoffe in einer einzigen mehrlagigen Schicht.

Durch Einführung der beschichteten Hartmetallsorten können vor allem beim Drehen erhebliche Standzeitverbesserungen erzielt werden. Da es sich hierbei um sogenannte Mehrbereichssorten handelt, so daß mit einer beschichteten Hartmetallsorte die Anwendungsbereiche mehrerer herkömmlicher Hartmetallsorten überdeckt werden kann, wird die kostspielige Lagerhaltung vieler Hartmetall-Sorten erheblich verringert. Nachteile sind bis heute beim Auftreten hoher dynamischer Belastungen, z.B. beim Fräsen, zu erwarten, die zum frühzeitigen Abplatzen der Beschichtung führen können.

Weiterhin sind beschichtete Hartmetalle nicht zum Zerspanen hochlegierter Werkstoffe, Aluminium-Magnesium- und Titanlegierungen, hochnickellegierten Werkstoffen sowie von Nitrierstählen geeignet.

3.4.4 Bauformen von Hartmetallwerkzeugen

Da Hartmetall ein relativ teurer Schneidstoff ist, werden Werkzeuge nur in Ausnahmefällen (z.B. Wendelbohrer und Schaftfräser bis etwa 10 mm Durchmesser) aus Vollhartmetall hergestellt. Bei größeren Werkzeugen wird lediglich der mechanisch und thermisch hochbelastete Schneidkeil mit Hartmetall bestückt, während für den Werkzeuggrundkörper legierte Kohlenstoff- oder Werkzeugstähle verwendet werden.

Die Hartmetallplättchen können entweder auf den Grundkörper aufgelötet oder in diesem geklemmt werden. Werkzeuge mit gelöteten Hartmetallplatten werden heutzutage überall dort gebraucht, wo das Wendeschneidplatten-Werkzeug aus wirtschaftlichen und funktionellen Gründen noch nicht einsetzbar ist. Diese Anwendungsgebiete liegen vor allem in Bereichen kleiner Werkzeugdurchmesser sowie hoher Genauigkeitsanforderungen beim Bearbeiten mit Profil- oder Formwerkzeugen.

Das Lot hat neben der Aufnahme einer mechanischen und thermischen Beanspruchung auch noch die Aufgabe, die stark unterschiedlichen Dehnungen von Stahl und Hartmetall im erwärmten Zustand so auszugleichen, daß die hieraus resultierenden Spannungen im Hartmetall möglichst gering bleiben. Als Lote werden je nach Anwendungsgebiet und Temperaturbeanspruchung der Lötstelle Kupfer-, Messing- oder Silberlote verwendet [34].

Die Entwicklung der Wendeschneidplatten-Technologie hat in weiten Bereichen der metallverarbeitenden Industrie zu einer drastischen Senkung der Werkzeugkosten beigetragen. Mit Wendeschneidplatten bestückte Werkzeuge bieten gegenüber gelöteten Werkzeugen entscheidende Vorteile:

- Auswechselmöglichkeit einzelner ausgebrochener Schneiden,
- Einstellmöglichkeit des Axial- und Radialschlages und
- schneller Werkzeugwechsel.

Die Wendeschneidplatten werden im Werkzeuggrundkörper befestigt durch (*Bild 44*):

- Fingerklemmung,
- Keilklemmung,
- Klemmsystem mit Lochplatte.

Das Fingerklemmsystem wird vor allem bei Drehwerkzeugen und – wegen der geringeren Steifigkeit – nur bei kleineren Fräswerkzeugen ($D < 100$ mm) benutzt.

Die Keilklemmung ist ein Klemmsystem, das hauptsächlich bei Fräsern angewendet wird. Die Keilwirkung bewirkt ein steifes und festes Einspannen der Schneidplatte. Durch richtige Auslegung des Keilwinkels der Spannelemente kann eine hohe Sicherheit garantiert werden.

Das Klemmsystem mit Lochplatte wird in Dreh- und Fräswerkzeugen eingesetzt. Es ermöglicht eine sichere, kraft- und formschlüssige Befestigung und wird deshalb vorteilhaft auch bei Schrupparbeitsvorgängen verwendet, bei denen die Gefahr besteht, daß die Wendeschneidplatte aus dem Klemmhalter herausgezogen wird. Wegen des geringen Platzbedarfs eignet sich dieses Klemmsystem gut für Fräser mit enger Zahnteilung.

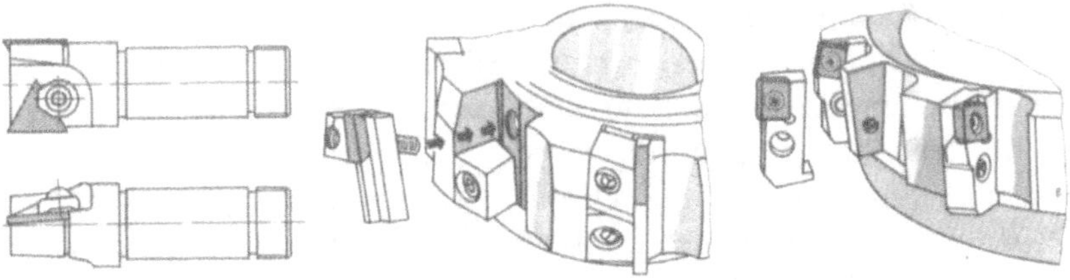

Bild 44a–c. Klemmsysteme für Wendeschneidplatten. *a* Fingerklemmung, *b* Keilklemmung, *c* Klemmsystem mit Lochplatte

3.5 Schneidkeramik

Die Entwicklung keramischer Schneidstoffe für Werkzeuge mit definierten Schneiden kann bis Ende der dreißiger Jahre zurückverfolgt werden. Eine nennenswerte Anwendung bei leichten Dreharbeiten erfolgte jedoch erst rd. 20 Jahre später. In der Praxis haben sich weiße Wendeschneidplatten aus rein oxidischer Schneidkeramik (Al_2O_3) mit geringen Anteilen von Magnesium und Siliziumdioxid sowie schwarze Mischkeramik, die neben dem Al_2O_3 einen hohen Anteil an Metallkarbiden besitzt, durchgesetzt. Die Herstellung erfolgt ähnlich der des Hartmetalls entweder durch Kaltpressen mit anschließendem Sintervorgang oder durch Heißpressen bei Temperaturen von 1600···2000 °C.

Die Vorteile der keramischen Schneidstoffe liegen in der hohen Warmfestigkeit, der geringen Diffusionsneigung sowie der Oxydationsbeständigkeit bei hohen Temperaturen. Während bei Hartmetall bei Temperaturen über 500 °C die Warmfestigkeit stark abfällt, ist dies bei keramischen Werkstoffen nur in einem wesentlich geringeren Maß der Fall (*Bild 45*).

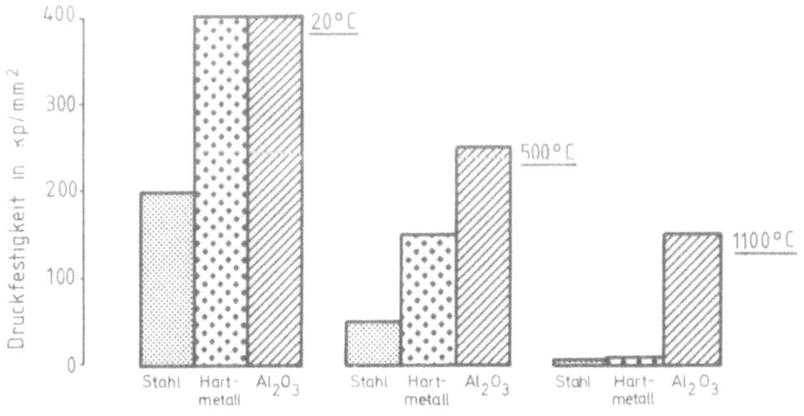

Bild 45. Temperaturabhängigkeit der Druckfestigkeit von Stahl, Hartmetall und gesintertem Aluminiumoxid [36].

Auf der anderen Seite zeigen die keramischen Schneidstoffe ein ausgesprochenes Sprödverhalten. Wird die Festigkeit des inneren Werkstoffzusammenhangs überschritten, setzt eine Rißbildung ein, die nicht mehr gestoppt werden kann. Diese ungünstige Schneidstoffeigenschaft wird beim Drehen durch die Verwendung geeigneter Anschnittechniken gemildert, die eine schlagartige Belastung des Werkzeugs beim Anschneiden vermeiden sollen (*Bild 46*).

Um diesen relativ spröden Schneidstoff auch für das Fräsen nutzbar zu machen, wurden in jüngster Zeit Mischkeramiksorten entwickelt, die durch Zugabe von Metallkarbiden (TiC; WC) bei annähernd gleichbleibender Warmfestigkeit eine erhebliche Zähigkeitssteigerung sowie eine bessere Thermoschockbeständigkeit aufweisen.

Ähnlich wie beim Hartmetall benötigt man auch für eine wirtschaftliche Nutzung von Schneidkeramik ein auf die besonderen Gegebenheiten dieses Schneidstoffs angepaßtes System aus Ma-

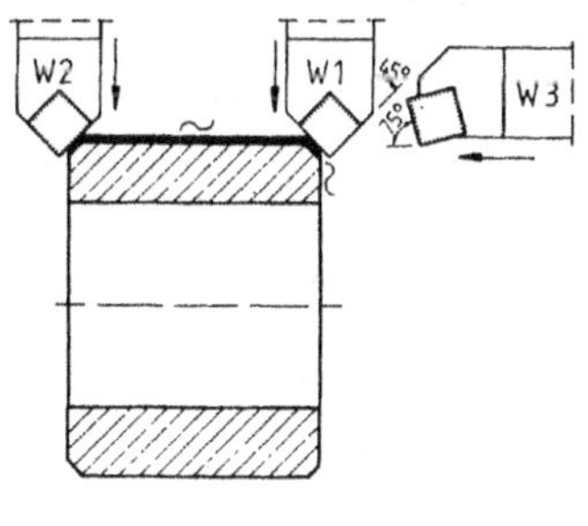

Bild 46. Vorbereitung eines Längsdrehvorgangs mit Schneidkeramik [36].

schine, Werkzeug und Werkstück. Werkzeugmaschinen, die für die Anwendung von Schneidkeramik ausgelegt werden, benötigen

- hohe installierte Spindelantriebsleistung und konstante Drehzahl, auch bei im Schnitt wechselnden Belastungen,
- großen Drehzahlbereich der Hauptspindel, hohe Maximaldrehzahl,
- ausreichende Steifigkeit der Spindel und Spindellagerung,
- statische und dynamische Steifigkeit des Maschinengestells,
- steife Vorschubantriebe,
- hohe Arbeitsvorschubgeschwindigkeit.

3.6 Diamant

In der Zerspanung wurden Diamantschneidstoffe bisher vor allem bei Werkzeugen mit geometrisch nicht definierter Schneide verwendet, z.B. bei Schleifscheiben. Für Werkzeuge mit definierten Diamantschneiden konnte in jüngster Zeit die Zahl der Anwendungsgebiete wesentlich erweitert werden. Hierbei handelt es sich um Schneiden aus synthetischem oder Naturdiamant, die eine mono- oder polykristalline Struktur aufweisen.

Anwendungsgebiete der Diamantwerkzeuge sind zum Beispiel die Drehbearbeitung von glasfaserverstärkten Kunststoffen, von Titan und Edelmetallen sowie von Leichtmetall und Leichtmetallegierungen, wenn hohe Oberflächengüten erreicht werden sollen. Polykristalline Diamantschneidstoffe werden auch zum Fräsen von siliziumhaltigen Aluminiumlegierungen verwendet.

Nachteile des Diamantschneidstoffs sind sein hoher Preis und die hohen Schleifkosten für Neu- und Nachschliff. Außerdem müs-

Tabelle 4. Vergleich technischer Daten von Hartmetall, Schneidkeramik, Bornitrid und Diamant [37]

Physikalische Daten	Einheit	Hartmetall	Schneidkeramik	
			Al_2O_3 „weiß“	Al_2O_3+TiC „schwarz“
Härte HV	N/mm^2	1300⋯2000	2000⋯2400	2800⋯3000
Druckfestigkeit	N/mm^2	4000⋯5600	3500⋯4000	4500
Erweichungstemperatur	°C	1100⋯1200	1600⋯1800	≈1300
Dichte	g/cm^3	6⋯ 15	3,9⋯3,97	4,2⋯4,3
E-Modul	$10^3 N/mm^2$	620⋯ 430	380	
Biegebruchfestigkeit	N/mm^2	800⋯2200	300⋯600	400⋯700
Wärmeleitfähigkeit	W/K·m	18⋯ 80	21	38

sen die Werkzeuge zum Nachschleifen an den Lieferanten zurückgeschickt werden. Weiterhin wirkt sich nachteilig aus, daß dem Diamanten der große Bereich der Stahl- und Eisengußbearbeitung verschlossen bleibt, da er bei den hier auftretenden hohen Schnitttemperaturen dazu neigt, Karbide zu bilden (Diffusionsverschleiß), wodurch ein wirtschaftliches und formgenaues Arbeiten nicht möglich ist.

3.7 Kubisch-kristallines Bornitrid

Das auf der Hannover-Messe 1975 erstmalig vorgestellte kubisch-kristalline Bornitrid gehört zu den härtesten Werkstoffen für die Metallbearbeitung. Es zeichnet sich durch eine hohe chemische Beständigkeit gegenüber Eisen aus, da es keinen Kohlenstoff enthält. Es besitzt eine relativ hohe Druck- und Biegebruchfestigkeit sowie eine gute Warmfestigkeit (*Tabelle 4*).

Gegenüber Hartmetallwerkzeugen ergeben sich deutliche Vorteile für Bornitridwerkzeuge bei der Bearbeitung von Hartguß und hochfestem Grauguß [37].

3.8 Schleifmittel

Bei der Zerspanung mit geometrisch nicht bestimmter Schneidenform, z.B. beim Schleifen, wird der eigentliche Härteträger – ähnlich dem Aufbau des Hartmetalls – in ein Bindemittel eingebettet (z.B. Schleifscheibe, Honleiste) oder aber in loser Form verwendet (z.B. bei Läpp- und Polierpasten). Beim Härteträger, dem Schleifkorn, kann hierbei zwischen natürlichem und künstlichem Schleifkorn unterschieden werden. Die heute gebräuchlichsten Schleifmittel sind:

Tabelle 4. (Fortsetzung)

Physikalische Daten	Einheit	Bornitrid	Diamant
Härte HV	N/mm^2	≈4500	≈7000
Druckfestigkeit	N/mm^2	4000	3000
Erweichungstemperatur	°C	≈1500	–
Dichte	g/cm^3		352
E-Modul	$10^3 N/mm^2$		900
Biegebruchfestigkeit	N/mm^2	≈ 600	≈ 300
Wärmeleitfähigkeit	W/K·m		≈ 150

– *natürliches* Schleifkorn (Naturkorund bestehend aus 80···95% Al_2O_3 und Naturdiamant) und
– *künstliches* Schleifkorn (Synthetischer Korund, z.B. Normalkorund, Halbedelkorund, Edelkorund; Siliciumcarbid; Borcarbid; Bornitrid und synthetischer Diamant).

Neben der richtigen Wahl des Schleifkorns sind noch dessen Korngröße, die Art der Schleifscheibenbindung sowie die Art des Gefüges wichtige Auswahlkriterien, um Schleifvorgänge wirtschaftlich durchführen zu können.

Das Bindemittel hat die Aufgabe, dem Schleifkorn solange einen mechanischen Halt zu geben, bis dieses stumpf geworden ist. Dann bricht das Korn aufgrund der angewachsenen Schnittkräfte entweder total aus dem Schleifscheibengefüge heraus oder es bricht in sich und bildet so eine neue, scharfe Schneide. Eine der Bearbeitungsaufgabe angepaßte Schleifscheibe besitzt deshalb eine gewisse Selbstschärfwirkung.

Einzelheiten über Bindungsarten und Schleifscheibengefüge werden in einem späteren Band über das Fertigungsverfahren Schleifen behandelt werden.

3.9 Entwicklungstendenzen

Neben der Normung der Werkzeugstähle sind Bestrebungen zur Verminderung der Sortenvielfalt bei den Schnellarbeitsstählen zu beobachten. Die hohen Legierungsgehalte an seltenen Metallen tragen bei den Schnellarbeitsstählen in großem Maße zu deren hohem Preis bei. Darüber hinaus sind die Preise für diese Metalle, z.B. für Kobalt, sehr starken Schwankungen auf dem Weltmarkt unterworfen. In beschränktem Umfang können möglicherweise teure Legierungselemente durch billigere ersetzt werden. Verfahrenstechnische Möglichkeiten zur Einsparung schwer verfügbarer Rohstoffe sind die Verbesserung der Erschmelzungsbedingungen, Umschmelzbehandlungen sowie die Optimierung der Wärmebehandlung von Schnellarbeitsstählen. Die pulvermetallurgische Herstellung von Schnellarbeitsstählen bietet die Möglichkeit, sehr gleichmäßige Gefüge zu erzielen sowie herkömmlich nicht herstellbare Legierungen zu fertigen.

Die Entwicklung bei den unbeschichteten wie bei den beschichteten Hartmetallen geht eindeutig in Richtung auf die Verminderung der Sortenvielfalt. Es sind Bestrebungen im Gange, auch hier das Bindemetall Kobalt durch kostengünstigere Binder (z.B. auf Fe-Basis) zu ersetzen. Bei den beschichteten Hartmetallen ist ein verstärkter Übergang zur Mehrlagenbeschichtung zu erkennen. Es wird daran gearbeitet, die Haftung der Schicht bzw. der Schichten auf dem Basishartmetall für die Verwendung beim Fräsen zu verbessern.

Eine starke Erweiterung des Anwendungsspektrums ist bei den keramischen Schneidstoffen zu erwarten. Neuere Entwicklungen auf dem Gebiet der Mischkeramiken mit Zusätzen von TiC oder ZrO_2 haben in Laborversuchen bereits zu erfolgversprechenden Ergebnissen beim Fräsen geführt.

Aufgabe 7

1. Worauf beruht im wesentlichen die Anlaßbeständigkeit und Warmhärte von Schnellarbeitsstählen?

Welches Element wird üblicherweise zulegiert, um besonders hohe Anlaßbeständigkeit und Warmhärte zu erzielen?

2. Nennen Sie Nachteile der herkömmlichen Schnellarbeitsstahl-Herstellung. Wie können diese Nachteile vermindert oder vermieden werden?

Aufgabe 8

1. Erklären Sie die Herstellung neuerer Hartmetallschneidstoffe.
2. Welche Aufgabe hat das Bindemetall eines Hartmetalls und welches Metall wird heute bevorzugt dafür verwendet?
3. Welche Karbide werden bevorzugt als Härteträger eines Hartmetallschneidstoffs genommen und wie werden durch die einzelnen Karbidarten die Eigenschaften des Hartmetalls geändert?

Die Lösungen dieser Aufgaben finden Sie in Abschnitt 6.

4 Kühlschmierstoffe

4.1 Aufgabe

Zur Beeinflussung des Zerspanungsvorgangs werden häufig Kühlschmierstoffe verwendet, die neben der Herabsetzung des Werkzeugverschleißes eine höhere Oberflächengüte sowie eine bessere Maßhaltigkeit der hergestellten Werkstücke bewirken sollen. Dabei fallen dem verwendeten Kühlschmierstoff verschiedene Aufgaben zu, von denen je nach Anwendungsfall die eine oder andere mehr in den Vordergrund tritt:

– Verminderung der Reibung zwischen Werkzeug und Werkstück bzw. zwischen Werkzeug und Span (Schmierung),
– Abfuhr von Wärme aus Werkstück und Werkzeug (Kühlung),
– Abtransport von Spänen von der Zerspanungsstelle.

Darüber hinaus dürfen Kühlschmierstoffe nicht zur Korrosion führen und müssen physiologisch gut verträglich sein.

4.2 Einteilung

Nach DIN 51385 [38] ist grundsätzlich zwischen den wassermischbaren und den nicht wassermischbaren Kühlschmierflüssigkeiten, den Schneidölen, zu unterscheiden.

4.2.1 Wasserfreie Kühlschmierstoffe

Die wasserfreien Kühlschmierstoffe können nach Aufbau und Leistungsvermögen grob in drei Klassen eingeteilt werden [40], in

– unlegierte Schneidöle,
– legierte Schneidöle und
– Hochleistungsschneidöle.

Die Verwendung *unlegierter Schneidöle* (das sind reine, unlegierte Mineralöle) ist rückläufig, da sie nur in sehr begrenztem Umfang in der Lage sind, bei den in der Zerspanung vorliegenden Drücken und Temperaturen eine wirksame Schmierung zu gewährleisten. Werden diesen unlegierten Ölen polare Wirkstoffe zugegeben, spricht man von *legierten Schneidölen.* Diese polaren Wirkstoffe sind meist ungesättigte Kohlenwasserstoff-Verbindungen mit großer Schmierfähigkeit und haftverbessernden Eigenschaften, die auf Metallaffinität und Grenzflächenspannungen beruhen wie Fettsäuren, Fettalkohole und Ester. Dadurch kommt es zu einer besonders guten Anlagerung des Schmierfilms an metallischen Oberflächen. An der frisch erzeugten, metallischen Oberfläche finden schwache Reaktionen statt, die zur Bildung von Metallseifen führen. Diese wirken als sehr zäher, halbfester Schmierfilm mit weitaus höherer Druckaufnahmefähigkeit als der hydrodynamische Schmierfilm eines reinen Öls. Die Wirksamkeit dieser Seifen endet jedoch schon bei einer verhältnismäßig geringen Temperatur von etwa 130 °C [39].

Um eine ausreichende Schmierung auch bei den bei der Zerspanung vorliegenden hohen Temperaturen *(Bild 32)* zu gewährleisten, enthalten die *Hochleistungsschneidöle* EP-Additive[1] zum Beispiel Chlor-, Phosphor- oder Schwefelverbindungen. Diese bilden mit der frisch erzeugten, metallischen Oberfläche Metallsalze wie Eisenchlorid, Eisenphosphat oder Eisensulfid bei der Bearbeitung von Stahl. Die Salze besitzen zwar eine hohe Druckfestigkeit, sind aber wenig scherstabil und setzen wegen dieser Eigenschaft die Reibung zwischen den aufeinander gleitenden Metallflächen herab. Alle Verbindungen der genannten Art sind nur in begrenzten Temperaturbereichen wirksam, deren Untergrenzen nicht eindeutig zu definieren sind [40]. Auch bei der Angabe von Obergrenzen sind im Schrifttum unterschiedliche Angaben zu finden. Als Anhaltswerte seien folgende Temperaturobergrenzen genannt [40]:

- Eisenchlorid $\approx$ 400 $\cdots$ 500 °C,
- Eisenphosphat $\approx$ 600 $\cdots$ 700 °C,
- Eisensulfid $\approx$ 800 $\cdots$ 1 000 °C.

Bei der Verwendung von Hochleistungsschneidölen ist jedoch zu beachten, daß die Reaktion der EP-Zusätze mit metallischen Oberflächen zu einem gewissen Abtrag dieser Oberflächen, also auch der Werkzeugschneide führt. Man spricht deshalb auch von einer *Verschleißschmierung*. Bei niedrigen Schnittgeschwindigkeiten ist die Reaktionszeit und damit auch der durch die EP-Zusätze hervorgerufene Verschleiß besonders hoch. Deshalb sollten die Additive nicht reaktionsfreudiger sein als unbedingt nötig.

---

1 EP-Additive sind Hochdruckzusätze (extreme pressure)

4.2.2 Wassermischbare Kühlschmierstoffe

Zur Herstellung von Öl-in-Wasser-Emulsionen werden die *emulgierbaren Kühlschmierstoffe* verwendet *(Bild 47)*. Dies sind vorwiegend Mineralöle oder synthetische Öle (synthetische Kohlenwasserstoffe bzw. deren Verbindungen) oder pflanzliche und tierische Öle [41].

Zur Bildung einer stabilen Öl-in-Wasser-Emulsion werden Emulgatoren zum Korrosionsschutz sowie gegen Schaumbildung und Bakterienbefall weitere entsprechende Zusätze beigemischt. Eine Verbesserung der Schmierfähigkeit erfolgt durch Zusetzen von polaren Wirkstoffen sowie von EP-Additiven wie bei den wasserfreien Kühlschmierflüssigkeiten. Wegen der Reflexion von Licht an den Öltröpfchen scheinen Öl-in-Wasser-Emulsionen meist weiß und undurchsichtig.

Wasserlösliche Kühlschmierstoffe sind Mischungen von anorganischen und/oder organischen Stoffen mit Wasser [41]. Diese Beimischungen dienen vorwiegend zur Verhinderung von Korrosion sowie zur Verbesserung der Schmier- und Netzfähigkeit. Die wasserlöslichen Kühlschmierstoffe scheinen meist durchsichtig bis schillernd (opaleszierend).

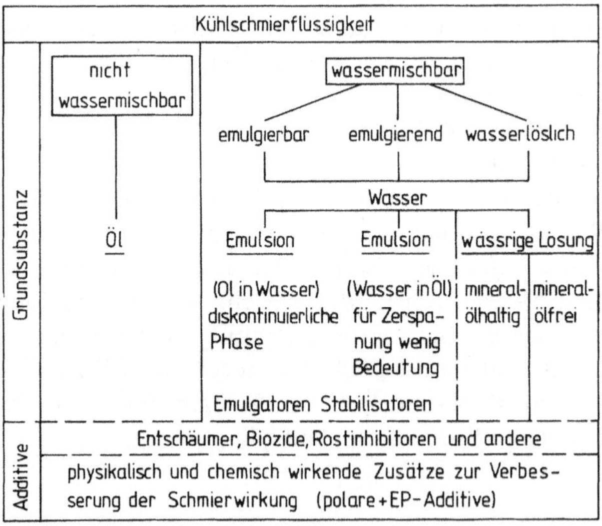

Bild 47. Einteilung der Kühlschmierflüssigkeiten [39]. EP-Additive sind Hochdruck-Zusätze

4.3 Einfluß von Kühlschmierstoffen auf den Zerspanungsvorgang

Die hohen mechanischen und thermischen Beanspruchungen der Werkzeugschneiden führen zu Abnutzungserscheinungen, die bei der Anwendung geeigneter Kühlschmierstoffe durch physikalische und tribochemische Veränderung der Verformungs- und Reibzone verringert werden können. Nach Abschnitt 2.5.1 können für den Werkzeugverschleiß folgende Einzelursachen angegeben werden:

- Abbrechen und Abscheren von Preßschweißungen (Adhäsionsverschleiß),
- Diffusion zwischen Schneidstoff und Werkstoff,
- mechanischer Abrieb,
- Verzunderung,
- plastische Deformation und Rißbildung sowie Schneidenausbruch.

Durch Kühlschmierstoffe läßt sich vor allem der Adhäsionsverschleiß [42] und der durch abwandernde Aufbauschneiden-Schuppen verursachte Reibverschleiß beeinflussen. Dieser Verschleiß ist besonders groß im Bereich niedriger Schnittgeschwindigkeiten, da es hier bei der Zerspanung von Stahlwerkstoffen besonders intensiv zur Bildung von Aufbauschneiden kommt.

Im Bereich niedriger Schnittgeschwindigkeiten ist die Aufbauschneidenbildung als Hauptursache für den Werkzeugverschleiß anzusehen *(Bild 48)*. Dieser Verschleiß kann durch Anwendung von Kühlschmierstoffen verringert werden.

Ob ein Schneidöl oder eine Flüssigkeit auf Wasserbasis gewählt werden soll, hängt davon ab, ob die Forderung nach Schmierung oder nach Kühlung überwiegt.

Voraussetzung für die Wirksamkeit eines Schneidöls ist, daß es in die Kontaktzone eindringen kann. Diese Bedingungen sind im Bereich zunehmender Aufbauschneidenbildung *(Bild 48)* durch deren Schwanken (Fluktuation) gegeben. Bei weiter wachsender Schnittgeschwindigkeit werden die Möglichkeiten für ein Eindringen des Kühlschmierstoffs immer ungünstiger. Außerdem nimmt die Reaktionszeit zur Bildung von Festschmierstoffen wie zum Beispiel Eisenchlorid ab.

Im Bereich höherer Schnittgeschwindigkeiten sind wäßrige Flüssigkeiten wegen deren geringeren Zähigkeit vorteilhafter. Dabei ist jedoch zu beachten, daß die Lage des Aufbauschneidenmaximums und damit auch das Verschleißmaximum temperaturabhängig ist. Durch Kühlung wird dieser Höchstwert nach höheren

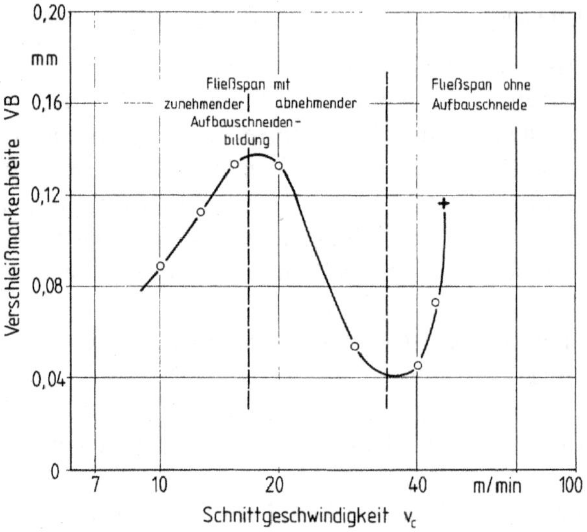

Werkstoff: Ck 53N
Schneidstoff: S 12-1-4-5
Schnittzeit: t = 30 min
Spanungsquerschnitt: $a_p \cdot f_c = 2 \cdot 0{,}25\,mm^2$

Schneidengeometrie:

α	γ	λ	κ	ε	r
8°	10°	-4°	60°	90°	1mm

Bild 48. Verschleiß-Schnittgeschwindigkeits-Kurve für das Drehen mit Schnellarbeitsstahl nach [43]. a_p Schnittiefe, f_c Schnittvorschub, α Freiwinkel, γ Spanwinkel, λ Neigungswinkel, ε Eckenwinkel, κ Einstellwinkel, *r* Eckenradius

Schnittgeschwindigkeiten hin verschoben *(Bild 49)*. Außerdem wird die Festigkeit des zu zerspanenden Werkstoffs erhöht. Die Kühlwirkung einer Flüssigkeit auf Wasserbasis ist besser als von Schneidöl wegen der günstigeren wärmetechnischen Werte von Wasser.

Obwohl der Verschleiß bei intensiver Kühlung höher ist als im Trockenschnitt, erliegen die Werkzeuge erst bei höheren Schnittgeschwindigkeiten. Bei gleicher Standzeit kann also eine höhere Schnittgeschwindigkeit gewählt werden *(Bild 50)*.

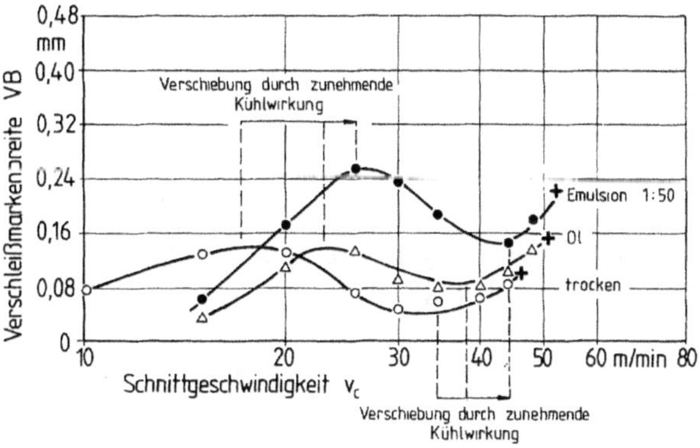

Werkstoff: Ck 55N

Schneidstoff: S 12-1-4-5

Schnittzeit: t = 30 min

Spanungsquerschnitt: $a_p \cdot f_c = 2 \cdot 0{,}25\,mm^2$

Schneidengeometrie:

α	γ	λ	κ	ε	r
8°	10°	-4°	60°	90°	1mm

Bild 49. Verschleiß-Schnittgeschwindigkeits-Kurve für Trockenschnitt und bei Anwendung von Kühlschmierstoffen [42]. a_p Schnittiefe, f_c Schnittvorschub, α Freiwinkel, γ Spanwinkel, λ Neigungswinkel, ε Eckenwinkel, κ Einstellwinkel, r Eckenradius

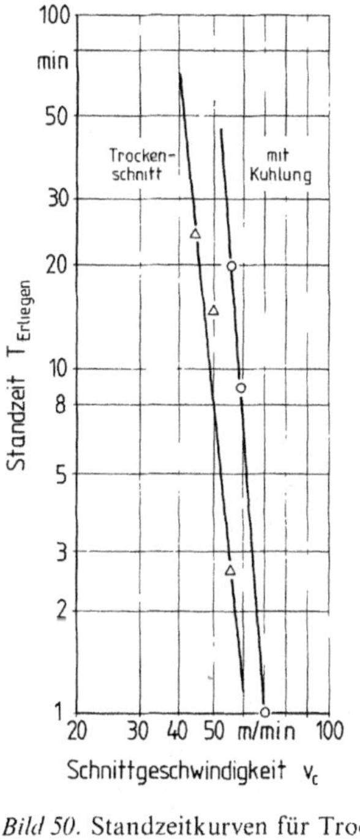

Werkstoff: Ck 53 N

Schneidstoff: S 12-1-4-5

Spanungsquerschnitt:

$a_p \cdot f_c = 2 \cdot 0{,}25\,mm^2$

Schneidengeometrie:

α	γ	λ	κ	ε	r
8°	10°	-4°	60°	90°	1mm

Schneidflüssigkeit:

Emulsion 1:50

Bild 50. Standzeitkurven für Trockenschnitt und Kühlung [43]. a_p Schnittiefe, f_c Schnittvorschub, α Freiwinkel, γ Spanwinkel, λ Neigungswinkel, ε Eckenwinkel, κ Einstellwinkel, r Eckenradius

Aufgabe 9

Nennen Sie die wichtigsten Bestandteile einer Öl-in-Wasser-Emulsion mit guter Schmierfähigkeit.

Aufgabe 10

1. Nennen Sie die wesentlichen Auswirkungen von Kühlschmierstoffen auf den Werkzeugverschleiß beim Spanen mit geometrisch bestimmter Schneide.
2. Welche Vorteile haben Emulsionen und Schneidöle?

Die Lösungen dieser Aufgaben finden Sie in Abschnitt 6.

5 Literatur

1. DIN 8580 Fertigungsverfahren, Übersicht. Berlin, Köln: Beuth 1974
2. Düniß, W.; Neumann, M.; Schwartz, H.: Trennen, Spanen und Abtragen. Berlin: VEB Verlag Technik 1968
3. Statistisches Handbuch für den Maschinenbau (VDMA). Frankfurt: Maschinenbau-Verlag 1959/1980
4. DIN 6581 Geometrie am Schneidkeil des Werkzeuges. Berlin, Köln: Beuth 1966
5. DIN 8589 Entwurf Teil 1: Fertigungsverfahren Spanen; Drehen. Berlin, Köln: Beuth 1978
6. Vieregge, G.: Zerspanung der Eisenwerkstoffe. Düsseldorf: Stahleisen 1970
7. Warnecke, G.: Spanbildung bei metallischen Werkstoffen. Fertigungstechnische Berichte. Band 2. Gräfelfing: Resch 1974
8. Degner, W.: Spanstauchungsmessung beim Drehen von Stahl. Fertigungstechnik und Betrieb 14 (1964) Nr. 6, S. 347–351
9. Jacobs, H.J.; Knörrich, A.: Die Spanform als technische Grenze bei der manuellen und maschinellen Optimierung des Abspanverfahrens Drehen. Annals of the CIRP XXII (1974) S. 21–22
10. König, W.; Otto, F.; Kluft, W.: Spanformen bei der Drehbearbeitung. tz 72 (1978) Nr. 1/2, S. 13–18
11. Kienzle, O.; Victor, H.: Die Bestimmung von Kräften und Leistungen an spanenden Werkzeugmaschinen. VDI-Z 94 (1952), S. 299–305
12. Victor, H.: Zerspankennwerte. Ind.-Anz. 98 (1976) Nr. 102, S. 1825–1830
13. Victor, H.: Schnittkraftberechnungen für das Abspanen von Metallen. wt – Z. ind. Fertig. 59 (1969) Nr. 7, S. 317–327
14. König, W.; Essel, K.: Spezifische Schnittkraftwerte für die Zerspanung metallischer Werkstoffe. Düsseldorf: Verlag Stahleisen 1973
15. Kamm, H.: Beitrag zur Optimierung des Messerkopffräsens. Karlsruhe, Universität 1977, Dr.-Ing.-Diss.

16. Schaller, E.: Einfluß der Diffusion auf den Verschleiß von Hartmetallwerkzeugen bei der Zerspanung von Stahl. Ind.-Anz. 87 (1965) Nr. 9, S. 137–142
17. Lehwald, W.: Prüfung von Hartmetallen im Hinblick auf den unterbrochenen Schnitt. Aachen, Techn. Hochsch. 1962, Dr.-Ing.-Diss.
18. ISO Tool-Life Testing with Milling Tools. Unterlagen f. d. Mitglieder d. Arbeitsgruppe ISO/TC 29/WG 22 (Stand 6/79)
19. König, W.; Ehmer, H.J.: Das Auflicht-Elektronenmikroskop und sein Einsatz bei Untersuchungen der Verschleißursachen an Drehwerkzeugen. Ind.-Anz. 90 (1968) Nr. 76, S. 1728–1730
20. König, W.; Diederichs, N.: Die Elektronenmikrosonde und ihr Einsatz bei Untersuchungen der Verschleißursachen an spanenden Werkzeugen. Ind.-Anz. 88 (1966) Nr. 85, S. 1875–1880
21. Arbeitsunterlagen zur 8. ACO-Sitzung 21.2.1975, am Institut f. Werkzeugmasch. der Universität Karlsruhe
22. Kamm, H.; Müller, M.: Kapazitiver Verschleißsensor für das Messerkopffräsen. HGF-Forschungsbericht 75/66 Ind.-Anz. 97 (1975) Nr. 73, S. 1602–1603
23. Siebel, H.: Untersuchungen über das Stirnfräsen von Stahl mit Hartmetall. Aachen, Techn. Hochsch. 1958, Dr.-Ing.-Diss.
24. Victor, H.; Müller, M.; Weiß, H.: Ermittlung von Zerspankennwerten beim Messerkopffräsen. Abschlußbericht zum Forschungsvorhaben AIF 3779, 3/1979
25. Stahl-Eisen-Werkstoffblatt 150-63, Unlegierte Werkzeugstähle. Hrsg.: Verein Deutscher Eisenhüttenleute (VDEh). Düsseldorf: Verlag Stahleisen 1963
26. Berns, H.: Kaltarbeitsstähle für Schneidwerkzeuge. Werkstoffkunde der gebräuchlichen Stähle, Teil 2. Hrsg. Verein Deutscher Eisenhüttenleute (VDEh). Düsseldorf: Verlag Stahleisen 1977
27. Weigand, H.H.: Entwicklungsstand bei den Schnellarbeitsstählen. Hrsg. E. Steinmetz, Haus der Technik – Vortragsveröffentlichungen, Heft 392. Essen: Vulkan-Verlag 1977
28. Stahl-Eisen-Werkstoffblatt 200-69, Legierte Kaltarbeitsstähle. Hrsg. Verein Deutscher Eisenhüttenleute (VDEh). Düsseldorf: Verlag Stahleisen 1969
29. Stahl-Eisen-Werkstoffblatt 320-69, Schnellarbeitsstähle. Hrsg. Verein Deutscher Eisenhüttenleute (VDEh). Düsseldorf: Verlag Stahleisen 1969

30. DIN 17350: Werkzeugstähle. Technische Lieferbedingungen. Berlin, Köln: Beuth 1980
31. Spur, G.; Stöferle, Th.: Handbuch der Fertigungstechnik Bd. 3/1 Spanen. München, Wien: Hanser 1979
32. Wilmes, S.: Schnellarbeitsstähle. Werkstoffkunde der gebräuchlichen Stähle, Teil 2. Hrsg. Verein Deutscher Eisenhüttenleute (VDEh). Düsseldorf: Verlag Stahleisen 1977
33. Eisenkolb, F.: Einführung in die Werkstoffkunde. Band V. Berlin: VEB Verlag Technik 1967
34. Kieffer, R.; Benesovsky, F.: Hartmetalle. Wien, New York: Springer 1965
35. Fortschritte beim Fräsen mit Hartmetall. VDI-Z 119 (1977) Nr. 3, S. 173–175
36. Plochinger Schneidkeramiktage 1976. Firmenschrift der Feldmühle AG, Plochingen
37. Kämmer, K.: Schneidkeramik, Diamant und Bornitrid zur Gußwerkstoffbearbeitung. Ind.-Anz. 99 (1977) Nr. 46, S. 836–840
38. DIN 51385: Kühlschmierstoffe. Berlin, Köln: Beuth 1976
39. König, W.; Witte, L.: Kühlschmieren beim Zerspanen metallischer Werkstoffe. Maschinenmarkt 84 (1978) Nr. 6, S. 97–100
40. Winkler, H.: Für leichteres Spanen. VDI-Nachr. (1976) Nr. 9, S. 17–19
41. Zwingmann, G.: Wassermischbare Kühlschmierstoffe. Ind.-Anz. 95 (1973) Nr. 108, S. 2554–2558
42. König, W.: Technologische Grundlagen zur Frage der Kühlschmierung bei der spanenden Bearbeitung metallischer Werkstoffe. Schmiertechnik (1972) Nr. 1, S. 7–12
43. Schilling, W.: Der Verschleiß an Drehwerkzeugen aus Schnellarbeitsstahl und seine Ursachen. Aachen, Techn. Hochsch. 1966, Dr.-Ing.-Diss.
44. DIN 6584 Entwurf: Begriffe der Zerspantechnik. Kräfte – Energie, Arbeit – Leistungen. Berlin, Köln: Beuth 1979
45. Beyer, H.: Fernseh-Thermographie. Ein Beitrag zur Erfassung der Temperaturverteilung am Drehmeißel. Berlin, Techn. Universität 1972, Dr.-Ing.-Diss.
46. Lowack, H.: Temperaturen an Hartmetalldrehwerkzeugen bei der Stahlzerspanung. Aachen, Techn. Hochsch. 1967, Dr.-Ing.-Diss.

6 Lösungen der Aufgaben

Lösung der Aufgabe 1

Der Seitenspanwinkel γ_x wird in der Arbeitsebene gemessen (*Bild 8*).

Der Rückspanwinkel γ_y wird in einer Ebene senkrecht zur Arbeitsebene und senkrecht zur Werkzeugbezugsebene gemessen (*Bild 8*).

Der Werkzeugspanwinkel γ wird im Werkzeugbezugssystem gemessen. Er ist der Winkel zwischen der Spanfläche und der Werkzeugbezugsebene, gemessen in der Werkzeugkeilmeßebene (*Bild 6b* und *Bild 7b*).

Der Wirkspanwinkel γ_e wird im Wirkbezugssystem gemessen. Er ist der Winkel zwischen Spanfläche und Wirkbezugsebene, gemessen in der Winkelmeßebene (*Bild 7b*).

Lösung der Aufgabe 2

1. Die Spanungsbreite b beträgt:

$$b = \frac{a_p}{\sin \kappa} = \frac{3 \text{ mm}}{\sin 75°} = \underline{\underline{3{,}11 \text{ mm.}}}$$

2. Die größte Spanungsdicke ergibt sich aus:

$$h = f_c \cdot \sin \kappa \qquad \text{mit } f_c = f_z \cdot \sin \varphi$$

$$h = f_z \cdot \sin \varphi \cdot \sin \kappa = \text{const} \cdot \sin \varphi.$$

Es gilt also

$h_{max} = \text{const} \cdot \text{Max}\,\{\sin \varphi\}$. Damit tritt h_{max} bei $\varphi = 90°$ auf.

Der Zahnvorschub f_z errechnet sich aus der Zähnezahl z, der Vorschubgeschwindigkeit v_f und der Drehzahl. Es gilt:

$$v_f = z \cdot f_z \cdot n \qquad \text{mit } n = \frac{v_c}{\pi \cdot D}$$

$$f_z = \frac{v_f \cdot \pi \cdot D}{v_c \cdot z}$$

$$f_z = \frac{380\ \text{mm/min}}{120000\ \text{mm/min}} \cdot \frac{3{,}14 \cdot 80\ \text{mm}}{5} = 0{,}16\ \text{mm}.$$

Damit kann die größte Spanungsdicke berechnet werden:

$$h_{\text{max}} = 0{,}16\ \text{mm} \cdot \sin 90° \cdot \sin 75° = 0{,}15\ \text{mm}.$$

3. Die maximale Spanungsdicke tritt beim Vorschubrichtungswinkel $\varphi = 90°$ auf.

Lösung der Aufgabe 3

Aus *Bild 51* ergibt sich:

$$\overline{AB} = \frac{h}{\sin \Phi} = \frac{h_1}{\sin x} = \frac{h_1}{\sin (90° - \Phi + \gamma)}$$

Mit $\sin (90° - \Phi + \gamma) = \cos (\Phi - \gamma)$ und $h_1/h = \lambda_h$ folgt:

$$\frac{\cos (\Phi - \gamma)}{\sin \Phi} = \lambda_h.$$

Setzt man für $\cos(\Phi - \gamma) = \cos \Phi \cdot \cos \gamma + \sin \Phi \cdot \sin \gamma$, dann erhält man

$$\frac{\cos \Phi}{\sin \Phi} \cdot \cos \gamma + \sin \gamma = \lambda_h$$

und damit:

$$\tan \Phi = \frac{\cos \gamma}{\lambda_h - \sin \gamma}.$$

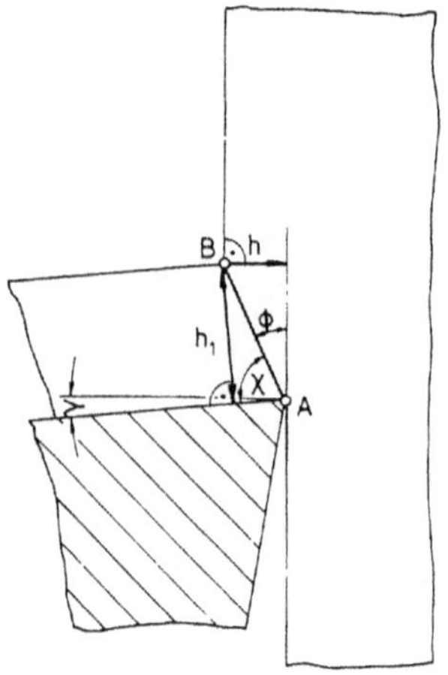

Bild 51. Geometrische Beziehungen am Orthogonalschnitt der Spanbildung beim Drehen

Lösung der Aufgabe 4

Bestimmung der Schnittkraft

$$h = f_c \cdot \sin\kappa = 0{,}2\,\mathrm{mm} \cdot 0{,}707 = 0{,}14\,\mathrm{mm}$$

$$b = \frac{a_p}{\sin\kappa} = \frac{2\,\mathrm{mm}}{0{,}707} = 2{,}83\,\mathrm{mm}$$

$$F_c(\gamma = 6°) = b \cdot h^{(1-c_c)} \cdot k_{c\,1.1}$$
$$= 2{,}83\,\mathrm{mm} \cdot 0{,}14^{0{,}82}\,\mathrm{mm} \cdot 2130\,\mathrm{N/mm^2}$$

$$F_c(\gamma = 6°) = 1202\,\mathrm{N}$$

Korrektur auf $\gamma = 0°$:

$$F_c(\gamma = 0°) = 1202\,\mathrm{N} + 1202\,\mathrm{N} \cdot 0{,}015 \cdot 6 = 1310\,\mathrm{N}$$

Korrektur auf Oxidkeramik:

$$F_c(\text{Oxidkeramik}) = 0{,}9\,F_c(\text{Hartmetall}) = 0{,}9 \cdot 1310\,\mathrm{N}$$

$$F_c(\text{Oxidkeramik}) = 1179\,\mathrm{N}$$

Bestimmung der Schnittleistung

$$P_c = F_c \cdot v_c = 1179\,\text{N} \cdot 600 \frac{\text{m}}{\text{min}} \cdot \frac{1}{60} \frac{\text{min}}{\text{s}}$$

$$= 11790 \frac{\text{Nm}}{\text{s}} = 11790\,\text{W}$$

$$\underline{\underline{P_c = 11{,}79\,\text{kW}}}$$

Lösung der Aufgabe 5

Schneidkantenerweichung wird vermieden, wenn niedrigere Schneidentemperaturen vorliegen. Dies kann erreicht werden durch:
- Herabsetzen der Schnittgeschwindigkeit,
- Senken des Vorschubs,
- Wahl eines Schneidstoffs mit höherer Warmhärte (z.B. Hartmetall),
- Verwendung eines Kühlschmierstoffs.

Lösung der Aufgabe 6

1. Es gilt: $t_z = \frac{l_z}{v_f}$

mit Gleichung (1) und Gleichung (5) folgt

$$t = \frac{l_z \cdot \pi \cdot D \cdot z}{z \cdot f_z \cdot v_c}.$$

Für VB = const und beliebige Schneidenzahl z gilt:

$$T(f_z, v_c) = \frac{L_z \cdot \pi \cdot D}{f_z \cdot v_c}.$$

2. Das Ergebnis dieser Aufgabe zeigt (*Bild 52*), daß
- der Schnittgeschwindigkeitseinfluß auf die Standzeit wesentlich größer ist als der des Vorschubs und
- die Geraden Knicke aufweisen, die durch die Taylor-Funktion nicht darstellbar sind.

3. Die Anzahl der gefrästen Werkstücke bei VB = const und v_{c_1}, f_{z_1} ist:

$$n_1 = \frac{L_{z_1} \cdot z}{L_{\text{Werkst.}}}.$$

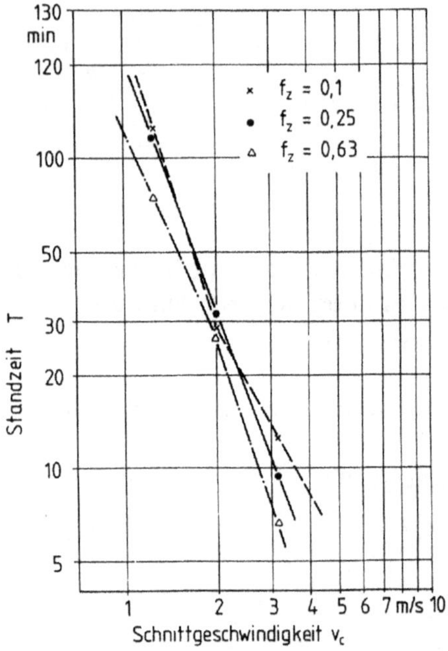

Bild 52. Abhängigkeit der Standzeit von Schnittgeschwindigkeit und Vorschub/Zahn beim Fräsen (Ergebnis von Aufgabe 6b)

Für $VB_H = 300$ µm gilt:

v_c/f_z	L_z in m	T_z in min	n
1,25/0,1	2,4	126,45	38,39
1,25/0,25	5,53	116,57	88,49
1,25/0,63	8,93	74,69	142,87
2,0 /0,1	0,87	28,66	13,92
2,0 /0,25	2,4	31,62	38,40
2,0 /0,63	5,0	26,14	80,00
3,15/0,1	0,6	12,55	9,60
3,15/0,25	1,13	9,45	18,08
3,15/0,63	2,0	6,64	32,01

Es ist zu beachten, daß die Schnittbedingungen, bei denen die meisten Werkstücke bearbeitet werden können, nicht automatisch auch die kostengünstigsten Schnittbedingungen sind, da sie mit hohen Hauptzeiten erkauft werden müssen.

Lösung der Aufgabe 7

1. Im martensitischen Gefüge des Stahls sind Karbide auf der Grundlage von Wolfram, Chrom, Molybdän und Vanadin eingelagert, die eine wesentliche Steigerung der Warmhärte und der Anlaßbeständigkeit zur Folge haben. Eine weitere Verbesserung dieser Eigenschaften wird durch zusätzliche Beigabe von Kobalt erreicht.
2. Bei der Abkühlung der Schmelze kommt es zu einer ungleichmäßigen Verteilung der Karbide. Ein gleichmäßigeres Gefüge wird erreicht durch anschließendes Umschmelzen der Stahlblöcke in bestimmten Verfahren. Bei der pulvermetallurgischen Herstellung von Schnellarbeitsstahl entsteht ein vollkommen gleichmäßiges Gefüge.

Lösung der Aufgabe 8

1. – Herstellung der Ausgangspulver,
   – Mischen der Pulver,
   – Pressen und Sintern und
   – gegebenenfalls Schleifen.
2. Aufgabe des Bindemetalls ist es, die spröden Karbide zu einem Körper mit einer bestimmten mechanischen Festigkeit zu verbinden. Ein hoher prozentualer Anteil des Bindemetalls ergibt ein zähes Hartmetall mit hoher Biegebruchfestigkeit.
Bei den in der Zerspanung angewendeten Hartmetallen wird heute fast ausschließlich Kobalt als Bindemetall verwendet.
3. Als Härteträger werden heute bevorzugt Wolfram-, Titan- und Tantalkarbide genommen.

Wolframkarbid (WC) läßt sich von Kobalt ausgezeichnet benetzen. Es erhöht die Binde- und Kantenfestigkeit des Hartmetalls. Nachteilig wirkt sich die Diffusionsfreudigkeit bei hohen Temperaturen aus.

Titankarbid (TiC) erhöht die Härte, den Verschleißwiderstand und die Warmfestigkeit des Hartmetalls. Es erniedrigt allerdings die Zugfestigkeit und Zähigkeit des Endprodukts.

Tantalkarbid (TaC) wirkt in kleinen Mengen kornverfeinernd. Hieraus resultiert eine Erhöhung der Zähigkeit sowie eine Verbesserung der Kantenfestigkeit.

Lösung der Aufgabe 9

Bestandteile einer Öl-in-Wasser-Emulsion sind:
Wasser, Mineral- oder synthetisches Öl, polare Wirkstoffe, EP-Additive (Chlor-, Phosphor-, Schwefelverbindungen), Emulgatoren sowie Zusätze gegen Schaumbildung, zum Korrosionsschutz und gegen Bakterienbefall.

Lösung der Aufgabe 10

1. Durch Kühlschmierstoffe kann im wesentlichen der Adhäsionsverschleiß beeinflußt werden. Wenn der Kühlschmierstoff in die Kontaktzone eindringen kann, wird durch Schmierung die Bildung von Aufbauschneiden vermindert. Die Kühlwirkung verschiebt das Aufbauschneidenmaximum und damit den Verschleißhöchstwert nach höheren Schnittgeschwindigkeiten. Bei Kühlung erliegen die Werkzeuge erst bei höheren Schnittgeschwindigkeiten.
2. Die Vorteile von Emulsionen sind: geringere Zähigkeit, und bessere Kühlung, die von Ölen: bessere Schmierwirkung.

7 Sachverzeichnis

GPSR Compliance

The European Union's (EU) General Product Safety Regulation (GPSR) is a set of rules that requires consumer products to be safe and our obligations to ensure this.

If you have any concerns about our products, you can contact us on ProductSafety@springernature.com

In case Publisher is established outside the EU, the EU authorized representative is:

Springer Nature Customer Service Center GmbH
Europaplatz 3
69115 Heidelberg, Germany

Batch number: 10854043

Printed by Printforce, the Netherlands